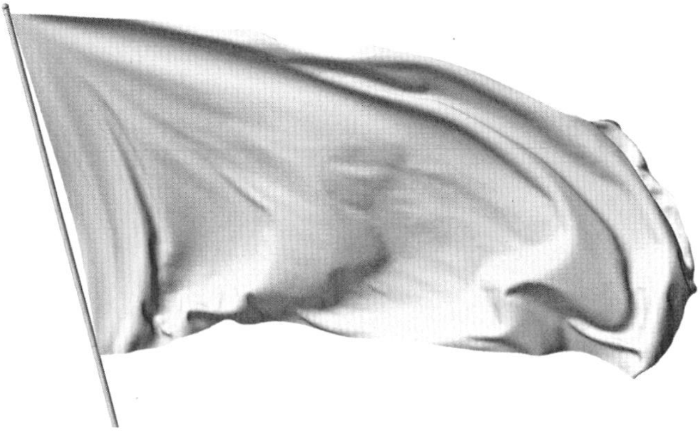

戰爭論精華

A SHORT GUIDE TO CLAUSEWITZ ON WAR

C. VON CLAUSEWITZ
ROGER ASHLEY LEONARD

克勞塞維茨・著　李昂納德・編　鈕先鍾・譯

《戰略思想叢書》總序

鈕先鍾

有許多讀者，尤其是比較年輕的一代，對於以戰爭為主題的書刊，都顯示出熱烈的愛好。不過，坊間出版的書籍，和他們閱讀的方向，最普遍者多為武器技術的報導，其次則為戰爭行為的描述（戰史），很少能夠達到戰略層面。但對於戰爭的研究又還是不能僅以物質和行動為限，而必須逐漸深入到思想和理論的境界。否則其認知必然流於膚淺，對於因果關係更不能獲得適當的解釋。簡言之，任何學術的研究，若僅重視硬體而忽視軟體，則不僅將構成盲點，而且也會呈現真空。戰爭研究又何獨不然？

這也就是我們決定出版《戰略思想叢書》系列的主要原因。其目的即為消滅盲點，填補真空，並替愛好戰爭研究的讀者開拓一個新境界。戰略思想的著作能使讀者在心與物，知與行之間獲得必要的平衡。這樣遂更能提高其研究的水平，和加深其了解的程度。

這一套叢書的前五本是以譯介西方戰略思想經典名著為內容。所謂經典者也就是不朽之作。這樣的著作在任何學域中都是像鳳毛麟角一樣地稀少和珍貴。在戰略領域中則更是屈指可數，凡是想要懂得戰略的人都應該將其列為必讀之書。

西方戰略思想雖源遠流長，但其發揚光大則還是始於十九世紀，而又是以拿破崙戰爭為起點。所以，首先介紹的是約米尼（Antoine Henri Jomini）和克勞塞維茨（Carl von Clausewitz）。他們是十九世紀兩大師，也是拿破崙思想遺產的直接繼承者。其次則為李德哈特（B.H. Liddell Hart）和富勒（J.F.C. Fuller）。他們是二十世紀前期兩大師，也是從近代到現代的關鍵人物。最後則為法國薄富爾將軍（Andre Beaufre）。他的書可以代表傳統思想的總結，現代思想的開創。綜合言之，若能精讀這五位大師傳世之作，則對於戰爭和戰略的研究應可奠定足夠堅實的基礎。

約米尼是啟明時代（十八世紀）戰略思想主流的末代傳人。其所著《戰爭藝術》（*The Art of War*），當代戰史大師何華德（Michael Howard）譽為十九世紀最偉大的軍事教科書，而他本人則宣稱「我深信這本書對於國王和政治家都是極適當的教材」。約米尼對後世的影響極為深遠，西方軍事教育至今仍奉其為圭臬。

克勞塞維茨的《戰爭論》（*On War*）是知道的人很多，讀過的人很少，而真正了解的人則少之又少。那是一本難讀的大書，要求一般讀者，尤其是青年學子或基層軍官，讀其全文，實在是不可能也不必要。現在所介紹的「精華」本，是一種很合理想的設計，使讀者不必花太多時間即能了解《戰爭論》的概要，和克勞塞維茨思想的重點。誠如原書編者所云，要算是一條捷徑。

《戰略論》（*Strategy: The Indirect Approach*）是李德哈特傳世之作。其最早的出現是在一九二九年，其最後的增訂版則在一九六七年。這本書不僅宣揚其「間接路線」，而對於戰略理論也作了有系統的扼要分析，尤其是有關大戰略的思考更開風氣之先，直到今天仍受到全世界的尊重。《戰略論》與《第二次世界大戰戰史》（本社出版）同為不朽巨著，應同時研讀。

富勒之於李德哈特，其關係是介乎師友之間。富勒的最偉大著作為《西洋世界軍事史》（本社出版），而《戰爭指導》（*The Conduct of War*）為其晚年著作，可以視為前書的補篇。富勒到此時，其思想已爐火純青，所以其價值不僅不遜於前者，而甚至於猶有過之。這本書以歷史為基礎，其所分析的內容則為法國革命、工業革命、俄國革命對戰略思想所產生的衝擊。尤是他在六〇年代初期即已預言「馬列主義正在逐漸枯萎」，其先見之明真令人佩服。

薄富爾是我們要介紹的最後一位西方已故戰略大師。他要比李德哈特晚一輩，其思想的結晶，著作的出版都已在第二次大戰之後，可以算是核子時代的產品。他的思想不僅超過傳統境界，而且也越出軍事的範疇。他的第一本著作也是其代表作即為《戰略緒論》（*An Introduction to Strategy*），出版於一九六三年，此時人類進入核子時代已近二十年。所以，他有完全不同的戰略認知，並建立新的思想體系。國人對於薄富爾的著作一直都不曾給與以應有的重視，實在很令人引以為憾。

這樣五本西方經典名著構成這一套叢書的第一個部分，也是其首要的部分。若能認真研讀這些著作，則不僅對於戰略思想的源流可獲全面的了解，而在研究戰史或國家安全問題時，更能提供必要的理論基礎。基於上述的認知，我們敢於相信這一套戰略思想叢書應能受到大家的肯定。

西元一九九五年二月

目錄

第七章　攻　擊／223

譯 序

鈕先鍾

民國四十四年我在國防計畫局充任編譯室主任，大概是在五六月間（因為我從不寫日記，所以詳細的時間已經無法記憶），當時的參謀總長彭孟緝將軍請家兄先銘告訴我，要我擔負一件相當困難的任務：那就是要我繼續完成克勞塞維茨《戰爭論》的翻譯工作。

為什麼要翻譯克勞塞維茨的《戰爭論》呢？說來話長，大家一定都知道故總統蔣公在日理萬機之餘經常是手不釋卷。這本書的翻譯也就是奉他老人家的命令來進行的，而且譯稿一經完成之後，就馬上分章呈閱。他老人家的好學精神，是真可以用「先睹為快」四個字來形容。

這件工作本是由張柏亭兄負責，但當他譯完了前五篇之後，奉命入學受訓，所以無法繼續下去，因此彭將軍就想到了我的頭上。當時我對於這項任務實在是不想接受，其原因是有下列幾點：

（一）克勞塞維茨的書是素以難讀著名，不要說是翻譯，連要想把它讀懂都不是一件太容易的事情。我國過去也有幾種譯本，但嚴格說來，都譯得很差，所以張柏亭兄才奉命來從事於重譯的工作。我自問是沒有把握將它譯好，所以不敢貿然從事。

（二）張柏亭兄的譯稿是以日文本為根據，而我卻不懂日文，所以我只能以英文本為根據，這樣一本書前後由兩個人分譯，而且又各有依據，所以勢必會發生衝突、矛盾，甚至於爭論，尤其是後譯的人更是容易著力不討好。

（三）說句慚愧的話，當時的我還不曾把克勞塞維茨的原著從頭到尾讀過一遍，現在突然要我從這本書的第六篇開始譯下去，而且時間匆促，根本就沒有先作準備的機會，所以憑良心說是有一點草率。

（四）當時我手邊並無德文原本可供參照，而且即令有，對我也可能無太多用處，因為我的德文程度也不一定能看得懂。所採取的英譯本是美國人爵里斯（O.J.M. Jolles）所譯的，他譯得是好是壞，我不敢講，但是他的英文卻可以說是集深澳晦澀之大全。以這本書來作為漢譯的根據，實在不是一個好的選擇，但很可能當時就只有這一種英文本。

儘管如此，我又還是勉為其難，因為替總統服務不僅是一種榮譽而且也無還價之餘地。我只有盡我的最大努力來完成此項工作，在翻譯的過程中可以說是相當艱苦，但總算是很僥倖，譯稿呈閱之後不特沒有碰釘子，而且蒙他老人家召見十餘次，每次都慰勉有加，真是令我感到非常慚愧。

在那個階段，每逢召見時，總統第一個要見的人就是我，所有的大官都被排在我的後面，連參謀總長也不例外。其次，在傳呼的時候，其他的人都是喊「×××同志」，而只有我則被稱為「鈕先鍾先生」。這兩點對於我個人而言固然是一種殊榮，但是使我感動的卻是總統尊重讀書人和提倡學術的誠意。

總統讀書是非常認真，在譯稿上不僅要親手加以圈點。而且還寫滿了眉評和附註，站在一個作者的立場，應該說他老人家才真是我的忠實讀者。每逢有疑問時，除了當面解釋以外，又常會奉命拿回去再研究，說到這裡，我又要講一個不為人所知道的真實故事：

總統時常會在原稿上作這樣的批示，大意是說某段我看是應作如此解釋，請再詳細研究，「但亦不必以我之意見為意見也。」——這後面一句話是完全引述原文，因為我的印象極為深刻，所以永遠都不會忘記。從這一句話裡我們可以體會到他老人家的態度是如何客觀，如何謙恭，和如何尊重他人的意見。

我還記得當我把這一本書翻譯完畢時已經是深秋了。最後一次召見時，總統向我說：「想不到這樣一本軍事名著的翻譯工作卻完成在你這一個文人的手中，這對於你實在是很光榮的。」以後當我起身辭去，走到房門口正要出去的時候，他老人家從座位上站起來向我揮手說：「再會！再會！」

雖然已經事隔二十年，但此情此景還好像是在目前一樣，今天他老人家已經逝世，所以我特地把這一段往事簡略的敘述如上，以來表示個人感恩孺慕之意。

這一部前五篇是張柏亭兄譯的，後三篇是我譯的《戰爭論》，又由張柏亭兄加以統一整理，然後才由國防部於民國四十五年印發。這也可以說是國內唯一的全譯本。所可惜的是當時印發數量還是有限，而且又是非賣品，所以到今天後學的人要想找這部書都已經很困難。

當我譯完這後三篇《戰爭論》之後，在心理上真是有如釋重負之感，因為總算是已經達成任務，至少也可以說是已經交了差。但事後想來對於自己的工作卻感到很不滿意，尤其是對於那作為漢譯根據的英文本，更是感到不滿意。我個人是這樣的想，假使能有較好的英文本，則我的工作應該可以做得更好一點。

至於最後由國防部所印發的書，在上文中我已經說過是曾經由張柏亭兄統一整理，所以，在內容和文字上與我所譯的初稿是有相當的差異。至於張柏亭兄所根據的當然是日文本，關於日文本的好壞，我卻不敢發表意見，因為我根本不懂日文，不過我要強調的僅是那英文本實在很不高明。

直到民國五十二年，我才發現英國有另一種英文本出版。嚴格說，那是一種較老的英譯本，不過由於已經絕版，所以在一九六二年才加以重印而已。於是我把它買來讀過一遍之後，發現至少是比我過去所根據的美國本要好懂得多了。

然後到了民國五十七年，我又從英國買到現在我所翻譯的這本書的原本。那並非《戰爭論》

的新版本，也不是「節」本，而是一種很特殊的「選」本。它是以前面所說的英國全譯本為根據，從中選出對於我們這個時代有意義的部分，濃縮成一本不過兩百餘頁的小書。

誠然，克勞塞維茨《戰爭論》是一部不朽的經典名著，研究學術的專家是應該讀它的全文，甚至於還應該讀它的原文，但是對於一般的讀者而言，尤其是基層軍官或青年學生，要他們去讀全文，實在是不可能也不必要。所以這一本「精華」是一種很理想的設計，它可以使一般的讀者不必花太多的時間即可以了解《戰爭論》的概要，和克勞塞維茨思想的重點。我一直都在想把這本書譯成中文，但是因為種種的原因，一拖又是好幾年。最近算是把這個心願完成了。在這裡我又必須要說明兩點：

（一）我始終在內心裡感覺到當年翻譯那後半部《戰爭論》時，實在沒有把工作做好，儘管總統對我還是優予嘉獎。自從總統逝世之後，我更是有一種很難表達的負疚心理，所以我要重譯這本書以贖前愆。

（二）總統的好學和提倡學術是我所親眼看見的事實，自從他老人家年事已高不再能像過去那樣讀書治學之後，我開始感到國軍好學的風氣似乎已不如從前——至少我個人有這樣的直覺。因此，我要把這一本《戰爭論精華》譯出，以供下一代青年人閱讀，同時也正是想藉此以來提醒大家應該效法總統好學不倦的精神。

我對於這本書的翻譯是完全另起爐灶，對於張柏亭兄的全譯本（其中三篇初稿是我譯的）既不曾參考也不曾引用。其原因很簡單，因為這是以另一種英譯本為根據，而且對於原書有很多的刪節，所以必須如此始能存其真。

這本書的原文比較好懂，而我的譯文也盡量以求「達」為第一，所以我敢保證讀者一定可以看得懂而無「天書」之感。這本書的內容是《戰爭論》的「精華」而並非其全體。它可以讓你了解克勞塞維茨思想的重點，尤其是對於我們這個時代仍然還有重要價值的部分。對於一般性的讀者（包括軍人和文人）是適當而夠用，至於有學術興趣的人當然還是應該研讀全文。不過先看這一本書再去讀全文，又一定能夠幫助了解而收事半功倍之效，所以原書編者在其導言中說這是一條了解克勞塞維茨《戰爭論》的捷徑，也似乎並非誇張的說法。

在所謂「和解」的催眠之下，今天整個自由世界似乎都已經不願意談戰爭，實際上，誠如李德哈特所云：要想獲致和平，必先了解戰爭。所以我認為如果世界上有識之士都能了解克勞塞維茨《戰爭論》的精義，則世界和平也許尚可有一線曙光。

民國六十四年中秋之夜

原序

何華德

對於所有認真研究戰爭與和平問題的學者而言，克勞塞維茨的名著《戰爭論》在許多年後可能仍為一本基本教科書。他所寫的內容大部分已與我們這個時代不發生關係，且由於他忽視戰爭中的技術發展，遂使其許多判斷的價值也都有了疑問。但是其著作的深奧和創見卻已經把戰爭的研究提到了一種全新的水平線上；而其對於戰爭和政策的關係，對於「摩擦」在戰爭中所扮演的角色，對於士氣的重要，以及對於一般戰略的看法，就有關此一主題的一切較晚出的思想而言，幾乎仍然是一個起點。

克勞塞維茨並不是一位職業學人。他是一位高度職業化的軍人和一位普魯士愛國志士，其畢生所關心的是普魯士陸軍的效率和普魯士國家的實力。其著作中的大部分都是對其本身時代軍事史的慎重研究，對於作為一切軍事成功的基礎的技術細節和小戰術（**編按：一般而言，戰略可分**

為三個層次，最高層次是「總體戰略」，其次是「分類戰略」，然後則是「運作戰略」〔operation strategy〕，在戰略之下，即為戰術。而在英國以往的軍語中，將「operation」稱之為「大戰術」〔grand tactics〕，相當於我國之「野戰戰略」，故所謂的「小戰術」〔minor tactics〕，即相當於我國軍語中的「戰術」。）都曾給與以嚴格的注意。但是任何研究法國革命時代的戰爭的人（姑不說是對這些戰爭有實際經驗的人），都不可能會相信決定這些戰爭勝負的因素僅為優越的軍事專長。法國陸軍的成功，至少有一部分，是由於某些在早期軍事思想計算之外的因素，而且沒有一本戰略教科書可以對其作充分的解釋。所以，對於戰爭而言，一定有某一方面是為後述兩種人所忽視了：一種人是以技術問題為主的戰爭藝術作者；另一種人是在十八世紀末葉，那些想把戰爭歸納成為一種精確科學的分析戰略家。

克勞塞維茨發現應該注意的還不只是一方面，而是有兩方面：即精神（用我們今天所慣用的名詞也許應該是「心理」）方面和政治方面。戰爭本身的特殊性質——戰爭在其中進行的危險因素，作為一切決定基礎的情報所具有的不確實性，戰爭對大量人員所要求的體力發揮——使一切的精密計算都變得不可靠，並且耐力、決斷、鎮靜等精神素質都占有極大的比重。這些素質必須從一位指揮官的身上向外輻射，必須憑其意志力才能發動整個機器並維持其運行。儘管其書中的大部分內容都是晦澀而混亂的，但僅憑此種觀點遂使克勞塞維茨在軍事學校中能維持其受崇拜的地位，並在軍人中獲得同情的讀者，因為那些人就氣質而言，對於理論戰略家很感到不耐煩。只要戰爭的內容仍然是人類間的互相砍殺，則不管他們所使用的兵器如何的新奇，僅憑這一點也就足以使其著作具有永恆的價值。

克勞塞維茨所開拓的另一方面為政治方面。他認清戰爭不是一種在真空中所進行的活動，例如一場足球賽，而是一種政治行為。戰爭是有所為而打的。國家為了要達到某種目標才進入戰爭，因為政策決定目標，所以它也決定用來達到目標的方法。所以必須設想到不同種類的戰爭，在戰爭中所用的軍事方法也必須與目標相稱。絕對戰爭，即不受政策考慮限制的武力盲目爆炸，照克勞塞維茨看來，那是一種達不到的「理想」。他認為，在他自己那個時代，歐洲是幾乎接近此種境界。

克勞塞維茨對於政治目的與軍事手段之間關係的看法，由於那些手段已經變得日益複雜而具有高度毀滅性，所以其重要性也就日益增大。在二十世紀，絕對戰爭已經不再是一種不可能達到的哲學觀念，而幾乎變成了國際關係中的常態。第一次世界大戰似乎即為一種武力的盲目爆炸，在其中軍事「邏輯」加上人民的怒火（其重要性也是克勞塞維茨所強調的），創出一個巨怪而把國家政策拖在它的後面。第二次世界大戰之所以為「絕對」的是由於另一種不同的原因，而那也是克勞塞維茨具有較佳了解者：它反映著德國國家政策的「絕對」性質，正如拿破崙戰爭之反映革命的法國一樣。西方文明——作為文明中之一種——勉強在這些鬥爭中死裡逃生。但是在用核子兵器來打的第三次大戰中能否再度逃過一劫卻很難斷言。而這也就使我們在重讀克勞塞維茨的著作時會有新的了解，而那些部分正是十九世紀的軍事學校所最不重視的。

很少有人把《戰爭論》全部讀完。克勞塞維茨本人說他的書還是「一大堆尚未成形的觀念」（a shapeless mass），那固然是過分的謙遜，但其著作的大部分，尤其是在第五、第六、第七等篇中，的確是具有一種初稿的冗長性，而且對於細節的討論往往長到不成比例。在另一方面，所有從克勞塞維茨原書所抽出的片段往往不能適當的表現其思想，事實上，由於強調某些方面，遂有對其全體產生虛偽影像的危險。四十年前，一般人都說他是「暴力的提倡者」，「大量集中的教主」；現在流行的觀念卻又認為他是一種微妙的政治科學家，事實上這都是足以引起誤解的說法。要了解克勞塞維茨必須精讀他的著作。不過很少有學者堅持應讀其每一個字。我個人認為李昂納德先生（Mr. Leonard）的這本選集是恰到好處，所刪的都是重複和不重要的部分，而保留的則為克勞塞維茨思想的精華。後世學者將深受其惠。

導 言

普魯士將軍克勞塞維茨（Carl Maria von Clausewitz）的軍事著作在軍事思想史中占有一種特殊地位，姑不說是獨一無二的地位。雖然其中含有大量有關十九世紀初期戰術原則的篇幅，那些已經不具有直接的價值，但卻不應認為克勞塞維茨的著作是僅屬於歷史的範圍。一位研究克勞塞維茨最富盛名的學者羅特費斯（Hans Rothfels）曾經指出：他是研究戰爭而真正摸索到其主題之根本的第一人，而他也是採取一種對軍事史的任何階段都能適用之理論的第一人。所以，就見解和影響而言，堪稱獨步。假使說他的影響在今天似乎不如過去那樣大，那大部分是由於其許多基本原則早已被納入我們現在所知道的戰爭科學與藝術之中。

一七八〇年，克勞塞維茨生於馬德堡（Magdeburg）附近的布格（Burg），於一七九二年進入普魯士陸軍任見習官。他很早就參加法國大革命和拿破崙戰爭，從一七九三年的萊茵河戰役開始。在苦學之後，於一八〇一年進入柏林陸軍大學（即戰爭學院）就讀。在那裡他受到香霍斯特將軍（General von Scharnhorst）的注意，後者也就是普魯士陸軍的改組者。在一八〇六年戰役中，他以上尉的身分在後勤總監部（為參謀本部的前身）服務，並充任奧古斯塔親王（Prince Augustus）的侍從官。於奧斯塔德會戰（編按：Auerstädt，依德文原意應譯為「歐爾城」，此會戰發生於一八〇六年十月十四日，拿破崙的大將達弗在該地以二萬六千人擊敗由普王親自指揮的普軍四萬五千人。）後被俘，在法國和瑞士度過一年多的戰俘生活。

回國後充任香霍斯特的助理並參加正在進行中的陸軍改革。他同時又被選派為普魯士王儲的軍事教官，這位王儲即為後來統一日耳曼的第一位皇帝，威廉一世（編按：應為威廉一世之父，普王腓特烈威廉四世）。當普魯士被迫與拿破崙軍事「合作」時，克勞塞維茨遂於一八一二年轉入俄軍服務。一八一三年他以俄國上校的身分在蒲留歇（Blucher）的司令部中充任聯絡官。一八一四年他做了華莫登將軍（General Wallmoden）俄普聯合兵團的參謀長。僅在第一次巴黎和約之後，他才重回普魯士陸軍。一八一五年他充任提里曼將軍（General Thielmann）的軍參謀長，參加了李格尼（Ligny）和華弗爾（Wavre）兩次失敗的戰鬥，但卻不會分享滑鐵盧的最後勝利。

一八一八年他升任少將並奉派到他的母校充任校長。但這個職務卻是純粹行政性的，所以他並無機會向普魯士青年軍官講授其自己的戰爭經驗和心得。所以當他寫《戰爭論》時，不是在校長辦公室內而是在其夫人的起居室內。這是一本軍事哲學書，把其歷史研究的結果和戰爭經驗融合成一個完整的觀念。他在一八三〇年離開軍校到布勒斯勞（Breslau）去接任砲兵訓練總監。

一八三一年格耐森瑙元帥（von Gneisenau）為了平定普屬波蘭的叛亂而組成一個軍團，調他充任參謀長。不久他們兩人都因染上了霍亂而病死在波蘭邊界上。在他突然逝世之後，其有關戰爭理論的著作才由其遺孀在密封著的包裹中發現，上面附有預言式的註記：

假使這個著作因為我的死亡而中斷，則所發現的就只能稱之為一大堆尚未成形的觀念……足以引起無窮的誤解。

儘管有這樣的但書，但在他逝世之前不久，他曾經指出其著作的「基本原則」是真實的；事實上也是一種普遍的和永恆的真理，因為它們具有一種「內在的必然性」（inherent necessity）。他又宣稱這些原則的真實性是受到其所使用方法的保證。克勞塞維茨把史學家和哲學家的方法合而為一，他以觀察（經驗）為基礎而進至演繹（哲學），他認為這種方法可以保證其原則的正確，因為「哲學與經驗……互相保證」。此種演繹與觀察的協調，即為其主要著作《戰爭論》的最重要特徵。全書共分八篇，但克勞塞維茨認為只有第一篇的第一章可以算是已經完全定稿。第二篇到第六篇實質上可以算已經完全，但克勞塞維茨卻有意加以修正，至於其餘兩篇則只是札記的集合而已。不過克勞塞維茨在一八二七年又這樣寫著說：「即以此種不完全的形式而言」，他仍然相信該書前六篇含有「某些可能在戰爭理論中產生革命的基本觀念」。

他花了相當時間來比較他個人在拿破崙戰爭中的觀察，以及古斯塔夫（Gustavus Adolphus）、查理士十二世（Charles XII），而尤其是腓特烈大帝（Frederick the Great）的戰史。像約米尼（Henri de Jomini）一樣，但程度卻稍差一點，後者（約米尼）的幫助使拿破崙的天才變得可以理解。拿破崙對於軍事理論的貢獻就只有一點斷簡殘篇的記錄，即他的所謂《治兵語錄》（*Maxims*），而他手下的元帥將軍們沒有一個人曾經對戰爭的指導產生過任何重要的思想系統。克勞塞維茨根本不重視那些語錄，而直接去鑽研拿破崙戰役的歷史。他對於軍事史的研讀是廣泛而淵博，盡可能採取多種不同的觀點，因為他對於一般的歷史和史學家都抱著懷疑的態度。與他同時的軍事思想家對於歷史都採取一種不挑剔的態度，似乎認為是從閱讀中獲知某一特殊戰役或會戰的詳情之後即可以產生的觀察——好像有關戰爭指導的法則可以從史書中摘取下來。

克勞塞維茨認為只有從歷史的精密分析中始能導出軍事原則。他指出史學家往往誇張和運用有關軍事的史實以來替其本國捧場，或對他們自己的理論提供事實證明。憑著此種對歷史及史學家的態度，他就慎重小心的構造他的戰爭哲學。他的主要錯誤是把他的研究局限在一種太狹窄的歷史範圍內，而對於比較方法僅作有限的應用。同時還應記著他所關心的僅為陸戰以及地理上鄰近國家之間的戰爭。他特別強調指出他的原則不是教條，而是行動的指導；它們「應教育未來戰爭領袖的心靈，又或在其自我教育中提供指導，但卻不陪伴他走上戰場。」他堅持著說，合理的理論並不能代替富有創造性的實踐。由於他這樣避免一般硬化的教條，所以才使克勞塞維茨的分析具有一種不受時間影響的素質，並且也使它在今天還甚至於變得更為重要。它是一種哲學，而不是操典。它所要求的是軍人和政治家，以及一切想要了解戰爭的人都必須深思熟慮的。

克勞塞維茨分析的哲學實驗性在其對於「絕對戰爭」（absolute war）的論著中可以找到最佳的例證。在克勞塞維茨所生的那個時代中，哲學不僅支配著德國的大學而且也支配著一般的社會生活。在其任陸大校長時，從一八〇一年到一八〇三年，他曾與康德（Immanuel Kant）的思想發生接觸。根據其友人布蘭德將軍（General Brandt）的說法，克勞塞維茨是基斯維特（Kiesewetter）的門徒，後者曾向他灌輸康德的哲學。依照康德的路線，他遂假定有一種先天戰爭形式的存在，所有一切軍事行動都應以其為依歸。換言之，戰爭總體的理想在心靈上是與康德所謂「物自身」（Thiing-in-itself，或譯「事物本體」，依康德意，即「作為『現象』的相反概念」）有關。他想把這種戰爭的絕對觀念作為一種理想，一種尺度，用它來衡量一切軍事活動，而在《戰爭論》的前七篇中他都受到此種觀念的導引，儘管以後他開始感到不滿足。

後世的將軍和政治家們由於盲由的追隨克勞塞維茨某些放言高論所暗示的無限原則——例如「把調和的原則引入戰爭哲學實屬荒謬……戰爭是一種追求到其最高極限的暴力行動。」——遂已經使這種觀念幾乎成為現實。由於誤解了他那種玄學式的推理，他們也就忽視了他所解釋的「心靈在抽象推理中不可能不到極限而停止」的想法，同時更未注意到他所提出的警告：「但當我們從抽象轉入現實時一切事物就都採取不同的形態。」更糟的是他們完全不理會在幾篇之後出現的結論，克勞塞維茨曾在那裡指出，假使對戰爭追求邏輯上的極限，則結果將是：

對於政治要求分量的顧慮將會喪失，手段將與目的喪失一切關係，而在大多數情況中，此種趨向於極端努力的目的將會被其本身內部力量的反對重量所摧毀。

為了區別現實戰爭（real war）與絕對戰爭，克勞塞維茨遂引入「摩擦」（friction）的觀念。戰爭是在一種由危險、肉體勞苦、不確實性，和機會所組成的空氣中進行。在戰爭中一切事物都非常簡單，但即令是最簡單的事物也還是困難的，而這些困難，大部分都是無法預知或預測的，累積並產生一種摩擦，那對於暴力的絕對擴展和發洩也就構成一種反制。這些困難包括著「危險」，「肉體勞苦」，「情報」或其缺乏，以及發源於機會的其他無數小型而不可計算的環境及不確實性。這些無可避免的事物經常阻止現實中的戰爭接近紙面上和計畫中的戰爭。

另一個重要因素是現實戰爭含有一大堆變化的和分立的事件。它從來不是一種孤立的行動，因為許多的政治壓力加在其領導和指導之上。而且它也從來不是一種單獨的行動，因為在一次單獨的會戰中是不可能使用我方自己的一切兵力和武器，或者是與敵方的一切兵力和武器交戰，又或是在一次行動中包括整個國家。不過，雖然這些節制因素都是阻止趨向於絕對，但又還是另有一種升高的自然原則也同時發生作用。戰爭的暴力本質必然會影響交戰雙方的感情，因而增強鬥志。所以現實戰爭是經常追求絕對理想但卻永遠不會達到它。現實戰爭即克勞塞維茨所謂的「一種本身的矛盾」，那是一種「不能遵從其本身法則」的東西。僅當政治因素介入戰爭之後，這種矛盾才能克服。

雖然在這些方面克勞塞維茨常被誤解，但亦不能完全歸罪於他的門徒。他本人對於絕對戰爭究竟是一種不可能達到的理想，還是僅為一種過去從未達到的現實，似乎也有一點不敢確定。雖然在《戰爭論》第一篇中，他曾說在現實中戰爭從來不可能是絕對的，但後來卻又說拿破崙的戰法已經相當接近絕對戰爭的理想。在討論拿破崙戰爭之後，克勞塞維茨更進一步認為絕對戰爭是一種可以接近的目標。當他討論整個戰爭理論時，他曾認為「戰爭的絕對形式應占首要地位」，凡是想從理論中學到一點什麼東西的人，應該「慣於把眼光永遠釘在它上面，認為它是其一切希望和畏懼的自然衡量標準」。所以，指揮官在戰爭中應盡量追求最大暴力的理想。不過同時他又必須認清暴力本身並非目標，否則「手段就會與目的完全喪失關係」。

因為他用「絕對戰爭」這個名詞來形容拿破崙戰爭，同時在其哲學觀念中又說那是一種只服從其本身「內在法則」的鬥爭，所以很容易被人誤解。實際上，克勞塞維茨的「絕對戰爭」觀念是出於戰爭的本質，依照其定義，即為「一種以迫使對方實現我方意志為意圖的暴力行動」。換言之，克勞塞維茨始終認為暴力行動是一種手段而非目的。

從絕對戰爭也就引到絕對勝利的觀念。克勞塞維茨的信徒們往往誤以為「完全解釋敵人的武裝」即為戰爭的目的。但他們卻忽視了克勞塞維茨本人曾經說過：「絕對勝利實際上是極少達到，而且對於和平也並非必要條件。」不過，這又不能完全責備他的門徒，因為他本人那樣重視「決定性會戰」，也就幾乎與他上述的說法自相矛盾。

對於其某些讀者而言可以說是很不幸，因為克勞塞維茨的理論是介乎兩次重大軍事革命之間。第一是拿破崙時代，對於它克勞塞維茨也許可以算是軍事解釋者。他的一生是經過腓特烈大帝時代的末期和拿破崙戰役的階段。在這兩大領袖的時代中，戰爭所表現的不同形式使他獲有深刻印象。對於十八世紀的戰略家，他曾經這樣寫著：

（在那個時候）會戰幾乎是被視為一種罪惡……正規慎重的戰爭系統絕不會導致會戰，僅僅由於犯了某種錯誤才會使其變得有所必要。只有知道如何進行不流血戰爭的將軍才應受上賞，而戰爭理論——一種真正婆羅門教徒的工作——也就是專門設計用來教導這一點的。

克勞塞維茨提到婆羅門教徒是很有趣味的。究竟他的本意所指的是印度哲學中的非暴力觀念呢？抑或是鄙視那些軍事理論家為一種麻木不仁的僧侶階級呢？關於這點我們很難斷言。不過他的主旨卻是提醒其日耳曼同胞：時代變了，所有政治及軍事生活的條件也都會隨之而變。

十八世紀的日耳曼人生活在許多小國之中；那些統治者之間也偶爾打著王朝戰爭。那種戰爭是由小型、受過高度訓練的職業軍人部隊來進行，他們大部分都是外籍傭兵。養兵是一項很大的開銷，通常都是由那些王公們自己掏腰包。部隊的維持極為困難，打仗是一種極大的消耗。所以政府和將軍都盡可能避免會戰以免浪費人力和物力。

基於此種事實，也就產生一派軍事理論家，其中最著名的有勞易德（Henry E. Lloyd, 1929-1993）和比羅（Dietrich von Bulow, 1757-1807）。他們根據幾何學的觀念發展出一套複雜而近似荒謬的戰爭理論。依照這種理論，將軍們只要能遵循其規律即可以達到不戰而屈人之兵的目的。這樣的戰爭是在戰場上要盡各種花槍，但就是不打一次決定性的會戰。

自從發生了美國和法國的革命之後，這種情形也就一掃而空。在拿破崙之下，戰爭變成了人民和民族的事情。人民的參加使戰爭中可用的手段和努力只受到國家資源和政策的限制。公民軍隊代替了職業軍隊，積極機動的戰略代替了消極遲緩的戰略。總結言之，戰爭發生了革命性的改變，近代國家的全民戰爭代替了古代的王朝戰爭。克勞塞維茨是首先認清此種改變的第一人。

在克勞塞維茨之後，因為軍事技術領域中的革命，於是更增強了「總體戰爭」的可能性。近代國家本身之內就具有產生總體戰爭的先決條件。尤其是一觸即發的民族感情，和大量生產的經濟制度都奠定了國家總動員和全民戰爭的基礎。假使說這些因素實為總體戰爭之根源，則辭意含混極易誤解的克勞塞維茨著作也似乎同樣不能辭其咎。

對於絕對戰爭觀念的此種簡略檢討，也就使我們了解到，誠如克勞塞維茨本人所承認的，「要對戰爭藝術建立一種哲學結構是非常困難的」。儘管如此，他卻又說，雖然有這樣的困難，仍然有一些戰爭原則是並無任何困難即可認清的。誠如前面所已經說過的，克勞塞維茨對於戰爭所下的定義是：「一種以迫使對方實現我方意志為意圖的暴力行動。」若欲劃分手段與目的，則暴力為手段，而「迫使敵人向我方意志屈服」為目的。但在可以迫使敵人實現我方意志之前，又必須先解除其武裝，所以「在理論上，解除武裝實為戰爭的直接目的」。解除敵人武裝的唯一方法即為流血，這是無可避免的，不管那是如何恐怖。假使害怕流血，則結果可能比流血還更可怕。所以在戰爭中一切錯誤的最危險者莫過於允許慈悲精神干擾戰爭的進行。在效力的極限之內，對於指向選定目標的一切努力或手段是不應受到任何自願的限制。假使說文明民族不殺戰俘，不毀地方，那只是因為他們對於軍事目標能比野蠻人有較明智的選擇，所以對於軍事手段也就能作較佳的使用。因此，克勞塞維茨說：「毀滅對方的趨勢實為戰爭觀念之基礎，並不因為文明的進步而有任何改變。」

迫使敵人向我方意志屈服是一種政治目的，而戰爭既然是由國家的兵力來執行的一種活動，所以也是「國家政策用其他手段的延續」。它不是一種個別的藝術或孤立的科學，而是一種社會活動。這是貫通克勞塞維茨全部著作的基本思想，而他的大名也經常與這種思想同為人所提及。儘管我們可以具有康德式的理想觀念，但在現實中的戰爭仍然不是一個獨立的「事物本體」。戰爭的政治目的決定所應打的戰爭種類，所應採取的戰爭形式，和所應達到的戰爭熱度。在決定軍事行動時，政治目的固應適應所用軍事工具的性質和效率，但前者的地位經常是領導，而後者則應該追隨，因為「戰爭只是工具而不可本末倒置」。自然，一旦戰爭已經開始，由於戰況的變化，政治目的也許必須加以適當的調整。但這不應是一種自動程序，即機械化的升高或降低目的以來適應手段。反而言之，政治目的應「經常保持優先考慮權」，在戰時情況中重要的是手段適應目的（政策），而不是目的適應手段。無論如何都不能讓這種情形發生：即政策完全退出舞臺而讓軍事行動唱獨腳戲。克勞塞維茨說：

一言以蔽之，在其最高的觀點中戰爭藝術即為政策，但毫無疑問，那是一種用槍桿的政策而不是一種耍筆桿的政策。依照此種觀點，把一項重大的軍事行動……委之於純粹的軍事判斷和決定，那是不可容許的，而且甚至於是有害的；的確，拿戰爭計畫去諮詢職業軍人的意見是一種不合理的步驟，因為他們對於政府所應做的事情也許會發表一種純軍事性的意見；但更荒謬的是理論家的要求，主張把一切可用的戰爭工具全部擺在將軍的面前，以便他可以替戰爭擬定一套純粹的軍事計畫……

不幸的是，在其對「絕對戰爭」的討論中又還是有矛盾的說法，他指出「打倒敵人」的軍事目的已經取代了「最後目的」或政治目的的地位。

在第一次世界大戰之前和之中，德國人完全忽視了這些重要原則。從一九一七年初起，克勞塞維茨所斥為荒謬的情況實際上已經出現，對於戰爭的一切政治甚至於經濟指導都是由興登堡和魯登道夫的統帥部來執行。德國參謀本部的計畫，在一九一四年，由於侵入法國和中立的比利時，而終於引起英國的參戰，其本身即為軍事考慮忽視或支配政治目的的最佳例證。所謂希里芬計畫者，是從來不曾在德國政府中開會討論過，也從來不曾受到德皇、首相，或外長的批准。以後的無限制潛艇戰役是軍事措施決定政策的另一實例，其結果是證明出來違反了國家利益。

依照克勞塞維茨的見解，只有把戰爭視為一種政策工具，然後才能克服其「本身的矛盾」，因為這樣它所遵循的將不是純軍事法則，而是給與它以方向（指導）的政策法則。假使政策是有限的，則戰爭也將隨著其自然的趨勢而趨向於有限手段。「假使政策是強大的，則戰爭也將如此，而這也就可能會使戰爭達到其絕對形式。」戰爭的動機愈強烈，則也愈有實際符合絕對無限暴力抽象觀念的趨勢。

關於戰爭與經濟之間的關係，克勞塞維茨說得很少。他對於戰爭潛力的重要性從未加以論列。

暫時撇開政策、經濟和大戰略的考慮不談，所留下來的問題就是：當使用有組織的暴力以追求國家政策時，其支配的原則是什麼？換言之，即什麼是克勞塞維茨的戰爭原則？

從頭說起，在任何戰爭中都有一個核心問題必須解決。這個問題即為認清敵方「重心」（Centra Gravitatis）之所在。重心即為對方國家組織中的某一點——包括軍事、政治、經濟、地理，或社會等方面都在內——假使在這一點上被擊敗了，又或是喪失了有效控制，則整個國家權力結構和指導都將崩潰或受到致命的減弱。一旦當這個大戰略目標固定了之後，次一個要考慮的問題就是：管制戰爭計畫及其執行的應為何種原則？

作為「重心」，克勞塞維茨對於敵方的武裝部隊是給與以相當的重視——這種態度也支配其全部著作。他認為要想在戰爭中達到政治目標，則必須「征服和毀滅敵方的武裝部隊」，因為「敵方兵力的直接毀滅是在任何地方都具有支配作用……」此種對毀滅敵方武裝部隊的重視是基於下述的簡單三段論法：

大前提：戰爭中的目標為毀滅敵人的抵抗意志。

小前提：其抵抗意志主要為其武裝部隊的函數。

結　論：所以，其武裝部隊必須予以毀滅。

為了說明這種理論，克勞塞維茨遂以兩個角力者（wrestler）為喻，雙方都想用體力將對方摔倒，然後使其不能再抵抗。所以：「戰爭不過是一場大規模的決鬥。」

上述三段論法的兩個前提是值得加以檢討。暗藏在大前提內的是認為應使敵方的抵抗意志完全毀滅，於是其手段即為完全毀滅其兵力。克勞塞維茨很少提倡僅只用來減弱敵人意志的有限行動。此一前提與其把戰爭視為政策延長的定義似乎是有些矛盾，因為在政治領域中是有各種不同程度的目標之存在，誠如他自己所指出，戰爭動機有不同的強度。他永遠未能解決這兩項原則之間的矛盾——一方面，戰爭的目的為毀滅敵方軍事權力；另一方面，軍事目標必須加以剪裁以配合政治目標。在一八二七年的札記中，他曾經表示有意尋求一種解決，但在其有生之年卻未能辦到。

小前提似乎也有疑問。兵力的存在對於國民抵抗意志的決定程度並不像想像中那樣巨大。也許更重要的是國民對戰爭以及指導戰爭者的信心。至少在理論上，是可能使用完全非軍事的手段來破壞甚或毀滅此種信心。由於人民對政府喪失信心，遂使帝俄在一九一七年崩潰，這時帝俄的軍隊是尚未完全毀滅。在三〇年代後期，希特勒的政治戰略就是用威脅和顛覆的手段來破壞和毀滅敵人的抵抗意志。就原則而言，克勞塞維茨對於這種戰略似乎並不陌生。依照他的看法，在軍事行動尚未開始之前，以及在戰爭過程之中，都有許多政治手段可以用來達到政治目標——因為並無理由認為僅只由於軍事行動的開始即應停止政治行動。後者與前者並不牴觸。所不幸的是他對於這一套理論不曾加以明確的解釋，那又並非由於缺少觀念，而是在表達和風格上有所欠缺。

在其許多心理分析中，克勞塞維茨最長於分析一般軍人或最高指揮官，而最短於分析政治家和人民。在這一方面，他與許多其他的職業軍人並無太多差異。此外，他那個時代也還是在人民大規模參政之前。當然，他不可能預知那些大量說服和宣傳的工具，他認為國家之間的政治關係就不過是傳統的外交而已。在政治方面，他比較感興趣的是權力的性質和潛力，而不是其心理學或倫理學。

除此以外，克勞塞維茨對於毀滅兵力的重視仍是發源於其認為戰爭是最高暴力行動的觀念。因為戰爭就其本質而言既為最高暴力，則其打法是不應以消耗或迂迴原則為主，而應以震盪（衝擊）原則為主。換言之，就是猛烈打擊在敵人實力的根源——武裝部隊——之上。

克勞塞維茨的戰爭原則是以毀滅敵人武裝部隊的觀念為核心。不過，此一觀念又還是有重要的限制。但許多克勞塞維茨的門徒卻完全忽視了這些限制之存在，他們以為毀滅敵方兵力即為勝利與和平的絕對先決條件。這種錯誤是很可諒解，因為誠如克勞塞維茨本人所指出的，職業軍人這一行所要應付的多半為不確實性，所以也就會把一套精確的規律視為萬應靈丹。但克勞塞維茨卻早已對此種規律提出警告，只要研讀其全書，即可明瞭他從來無意制定任何這樣的原則。

克勞塞維茨對於其原則實際上又是作何解釋呢？用他自己的話來說，「軍事力量必須毀滅，那也就是減弱到不能進行戰爭的狀態為止」，接著他又說：「此後當我們用到『毀滅敵方軍事權力』的說法時，所應了解的即為此種意義。」此外，他又強調會戰「並非僅為互相殘殺，而其效力是消滅敵人的勇氣重於殺死敵人的士兵」，同時「精神力量的喪失即為決定的主因」。這可以表示克勞塞維茨對於「精神力量」的重視，此亦為其著作的特點之一。最後，他又宣稱毀滅敵方武裝部隊僅為「在抽象中的戰爭目標」，且是「實際上很少達到的」。所以，無論在戰略或戰術層面，他都不曾主張對敵方武裝部隊予以完全物質性的毀滅。所不幸的是，克勞塞維茨的這些限制都是在其書中較後面的部分，且是用一種哲學化的文章來說明的，因此遂使具有實際心靈的一般軍人大感困惑。

許多人都不曾注意到克勞塞維茨是使用「毀滅」（destruction）和「解除武裝」（disarming）來表示一種敵方兵力不再能繼續戰鬥的條件（情況）。有一次他曾用「擊潰」（dispersion）來代替「毀滅」。如果他能多用這種說法，而不用「毀滅」，則他的意義也許就可以獲得較佳的表達。

儘管如此，克勞塞維茨的確曾給與「決定性會戰」（decisive battle）以相當的重視。這一部分是由於他所評述的是以歐陸戰爭為主，尤其是拿破崙時代的戰爭，在那些戰爭中「決定性會戰」多如牛毛。假使他能多活幾年，完成他的戰爭哲學，則毫無疑問的可以斷言他對於以「決定性會戰」為戰爭軍事目標的觀念是會有所修改。當他寫到敵人的「重心」可能是位置在其武裝部隊之外時，那也就無異於暗示有時目標是可以比較有限化。舉例言之，在一個內部分裂的國家中，重心即為該國的首都，而在民族戰爭（或游擊戰）中，他又認為「公眾意見」是一個重要的輔助性軍事目標。從其一八二七年的札記上看來，如果天假以年，則克勞塞維茨將會修改其對於戰爭典型的觀念，而對於有限戰爭予以較多的重視。

誠如我們所已經說過的，他曾經指出政策決定所要打的戰爭種類，對於戰爭類型的選擇一方面是要看政治關係，另一方面則要看所能動用的軍事資源而定。不過他的許多言論卻容易令人誤以為國家的軍事工具是經常應該配合巨大的，甚或是「無限」的政治目標。

在其許多後學之中，著名的史學家戴布魯克（Hans Delbruck）是第一個指出因為有兩種戰爭形式，即有限與無限，所以也就應有兩種戰略形式。他分別稱之為殲滅戰略（niederwerfungstrategie）

和消耗戰略（ermattungstrategie）。在第一種戰略中，目標即為決定性會戰，那也就是克勞塞維茨所曾經大事鼓吹者。在第二種戰略中，會戰就不過是幾種工具中之一種而已，此外還可以使用經濟、政治、心理等手段以求達到政治目標。這第二種戰略也並非戴布魯克的發現，腓特烈大帝曾稱之為輔助戰略，而其應用也已有幾千年的歷史。

克勞塞維茨對於這一方面雖絕非不了解，但他似乎仍然深信「毀滅敵人兵力似乎……經常是較優越和較有效的手段……」從他的戰略和戰術定義上即可以發現此種信念：「戰術為在戰鬥中使用軍事力量的理論；戰略為使用會戰以達到戰爭目標的理論。」這種定義的缺點就是把「戰略」的意義局限在純粹利用會戰的狹窄範圍之內，於是也就令人感覺到會戰即為達到戰略目標的唯一手段。

跟著克勞塞維茨走，自從老毛奇的時代起，德國參謀本部即集中注意力在殲滅戰略方面，至於戴布魯克認為消耗戰略也可能同樣重要的理論遂不免曲高和寡。於是一整代的德國將軍和軍事作者也都對殲滅的原則作一面倒的提倡。直到第一次世界大戰才證明了此種僵化教條的荒謬。不過這卻不能完全歸罪於克勞塞維茨，雖然他並非毫無責任。

要想毀滅敵軍則必須戰鬥；所有一切軍事活動都是以會戰為其頂點。戰鬥的目的就是毀滅敵人；而某一特殊戰鬥，或會戰的目的，就是毀滅對抗我軍的敵軍。為了達到此一目的，則又必須使敵軍接受會戰。主要的手段是「首先包圍敵人」而迫使他接受會戰，然後再「奇襲他」。其次，克勞塞維茨又認為在會戰中要想達到一種有利的決定，則必須遵守下述四點原則：

（一）用最高的精力使用我們所可能動用的一切兵力……

（二）盡可能集中兵力在準備作決定性打擊的點上。

（三）不可浪費時間，……行動快速始可制敵機先。……奇襲……為獲致勝利的最強力因素。

（四）最後，……用最高的精力來追隨已獲的成功。追擊已敗的敵人實為獲致勝果的唯一手段。

在上述四項原則的三項中，時間和速度都極為重要。盡量提早獲致決定是必要的，而速度也就可以決定一切。此外，「第一項原則又是其他三項原則的基礎」，而假使對此四點都能嚴格遵守，則「最後所採取的作戰形式也就無關大雅」。換言之，行軍必須快速並直指敵軍主力，以求盡可能提早進行決定性會戰。由於戰爭具有不確實性和摩擦，所以任何複雜、脆弱，或過分具有雄心的事情都應避免。簡單直接的攻擊就是最好的，而迂迴運動的目的只是為了增強勝果，而並非為了爭取勝利。最後，上述四原則不僅可用於會戰（即為戰術），而且也可用於戰役（即戰略）。在戰略層次，這些原則可以用克勞塞維茨自己的話來綜述如下：

> 在戰爭中……沒有任何東西在重要性上可與大會戰相比較，而戰略能力的極致也就從對此種大事所提供的工具，對空間和時間以及部隊的方向所作的技巧決定，和對成功所作的良好利用上表現出來。

這就是克勞塞維茨戰爭理論的精義。其缺點仍是對大會戰的過分強調。由於克勞塞維茨把武裝部隊視為敵人抵抗力的「重心」，所以他也把武裝部隊的「決定點」（decisive point）放在武裝部隊本身之中——在兵力的中央或側面上。他不重視對敵軍後勤基地或交通線等等的攻擊，他說那都只是「間接手段」，通常都是被作了過高的估計，他的晚輩在這一方面也都信服他的見解。誠如巴內特（Correlli Barnett）所云：在一九一四年八九月之間，德國參謀本部並不曾認清法軍的「決定點」並非其側面而是其主要鐵路交通網。

自從克勞塞維茨列舉了其四大原則之後，便受到廣泛的尊重。近代陸軍之所謂九大原則，實際上也都可以直接追溯到克勞塞維茨。用現行的軍語來表示，他的四大原則可以稱之為：

（一）目標和數量（mass）的原則
（二）兵力集中（concentration）和兵力節約的原則
（三）奇襲的原則
（四）追擊的原則

要了解克勞塞維茨戰爭原則的精義，必須先了解其對於數量的重視。克勞塞維茨是深受拿破崙戰爭的影響。他親眼看見拿破崙憑藉數量的優勢以取勝，而當數量的平衡變得對對方有利時，拿破崙也就逐步走向失敗的途徑。由於承認數量為拿破崙系統的核心，於是他也就以下述的三段論法來作為其戰爭哲學的基礎：

大提前：軍人為戰鬥員。

小前提：國家為潛在戰鬥員之集合。

結　論：所以，最大的戰鬥力要求把所有的人民都訓練成為軍人。

因此，他主張戰爭要用全部的國力來打。此種對於數量價值的重視，遂終於把近代國家變成了戰爭機器。此後，群眾鬥爭也就支配著社會生活，誠如富勒將軍（Gen. Fuller）所云：達爾文、馬克思和克勞塞維茨也就變成了統治十九世紀和二十世紀的三巨頭（ruling trinity）。通信運輸工具的巨大改進使大量軍隊可以很方便的動員、調動和控制。但是重量不重質的思想又與工業革命的其他具有潛在威力的產品相衝突。在即將進入機械時代的關頭上，克勞塞維茨根據其對於拿破崙戰爭的反省，曾經這樣宣稱著說：

對於近代軍事史的無偏見檢討導致下述的結論：數量優勢是一天比一天變得更具有決定性，所以盡可能集中最大數量的原則也就應被認為比過去任何時代都更為重要。

在這個原則中有一項致命的缺點，那就是鐵路和電報固然能使非常巨大的兵力向戰場的集中和行動變得較過去容易，但卻使他們在戰場上的運動變得日益困難。數量與機動相抵觸，結果遂形成第一次世界大戰時西線上的僵局。（編按：此結論僅代表作者個人的見解，讀者可以作為參考，但應避免視之為「標準答案」，以免失之過約。）直到有機械化的閃擊戰出現時，這種困難才被克服。重視數量的思想也導致對新兵器的價值估計過低，尤其以有來福線的步槍和機槍為然。歐洲的軍事首長們只知用技術來替數量服務，但卻不知道數量可以為技術所克服。甚至於在二十世紀，將軍們仍然還在迷信刺刀的威力。

不過像李德哈特那麼諷刺的說克勞塞維茨是「數量教主」（mahdi of mass），卻也不盡公平。他的生活在一個新兵器尚未出現的時代中，克勞塞維茨認為數量是戰鬥力的基礎實屬無可厚非。他的觀念是認為數量若能作明智的利用，則應為在決定點上獲致優勢的最佳方法。所以克勞塞維茨的數量原則也就是集中原則，即主張集中兵力以求能在決定點上有獲得優勢的最大機會。他說：「最好的戰略是必須經常保持強大，首先是全面的，然後再在決定點上。」他認為此種兵力集中的獲致即為在會戰計畫作為中的中心問題。如何能獲得最大的實力，其關鍵即為在空間和時間中對自己的兵力作有效的集結。他認為這種集中方式是極為重要。在某些戰術條件之下，全部兵力應分成連續單位來使用，因為「在戰鬥中使用太多兵力可能反而不利」。應該引入戰場的兵力是多多益善，但在會戰的第一階段中，所投入的兵力卻不必多於必要的數量，其餘的兵力應保持在火力所能達到的範圍之外，以便「能夠用生力軍來對抗生力軍，又或用生力軍來壓倒對方疲乏之兵」。所以在此也就可以看出戰略與戰術之間的重要差異，因為在戰術中可以連續應用兵力，而在戰略中則應同時使用兵力。

目標原則是作為集中原則的一種邏輯後果。因為集中就是為了要想達到目標。而照邏輯順序進行即為節約的原則，換言之，對於分散兵力的活動應盡量加以限制。

克勞塞維茨的數量原則也就是一種準備原則。必須在平時建立一種組織以使一切可用之人力和物力能在極短時間內以最高速度送入決定性戰場，然後始能確保勝利。除了人力與物力以外，在心理方面也必須有準備，因為戰爭最後還是一種意志的決鬥。不過，克勞塞維茨並不提倡軍國主義、極權主義，或戰爭國家的觀念。他雖然主張對戰爭應有物質和心理上的準備，在戰爭的指導中應果敢進取，但他卻強調在選擇戰爭為政策工具時必須慎重。

戰爭僅為許多政策工具中之一種，而並非如魯登道夫所云，是「政策的主要工具」。克勞塞維茨認為戰爭不應與國家政策分離，而不是國家政策不應與戰爭分離。儘管他曾認為戰爭應是一種最高暴力的活動，而殲滅則為戰略目標，但他卻從不曾說過政策應該是凶猛的、侵略的，和好戰的。

所不幸的是，許多政治家和軍人，尤其是普魯士和日耳曼的，很容易把戰爭看成是一種侵略政策的延伸，但對於其他的人們而言，要想把戰爭當作是一種防禦政策的延續卻遠較困難。

雖然克勞塞維茨重視數量優勢，但同時也注意到優勢可能會在運動中產生，尤其是在奇襲中。他不像約米尼那樣重視運動，後者的四條戰略基本原則都是與幾何式的運動關係較多而與數量的關係較少，或者說得更精密一點，是想從運動中創造數量。也許可以說，約米尼是醉心於戰爭的解部學，而克勞塞維茨所感興趣的卻是戰爭的生理學和心理學。所以他比較重視奇襲。他認為奇襲是一種「獲致數量優勢的手段」，甚至於還說奇襲「多少是位在一切行動的基礎上」。因為奇襲既然是到處都可發現，所以也就自然可以存在於兵器的威力中。但是他的門徒中卻很少有人注意到此種含意。

不過這並不足以寬恕克勞塞維茨對於兵器的忽視。雖然他也承認戰鬥決定兵器的性質，而兵器又可以改變戰爭的性質，但他卻仍然把戰爭藝術限制在對會戰的實際指導中。他說，把兵器和裝備的問題包括在內，那只是建立一種特殊個案而非普遍原則。在他的觀念中，這會破壞其理論的完整性，因為一切理論的基本原則就是要「消去一切異質因素」。認為兵器的發展並不能改變戰略理論未嘗沒有理由，但是如我們所知的，激烈的發展，例如核子兵器，是必然足以改變克勞塞維茨對於戰爭本質的思想。不過，宣稱兵器的發展是「很少影響到戰略計畫」又還是太靜態和太保守。當然，克勞塞維茨不曾預知技術革命的結果，在我們這個時代中，技術革命已經使戰略理論和軍事計畫受到了如此複雜的影響。不過這只是批評他不是一位預言家而已，克勞塞維茨本來就無意預測未來，而只想發現戰爭的自然原則。在這一方面，他是近似一位真正的科學家，發現戰爭的法則，以便可以作為預測未來的基礎——或者，同時用來解釋過去的戰爭。他的目的是要指示指揮官們如何去應付未來戰爭的指導，而並非預言未來戰爭的形態。

福煦元帥也像克勞塞維茨一樣的低估物質因素。他根據純粹的數學計算遂獲得一項驚人的結論，說：「任何火器的改進都將注定增強攻擊。」假使他和其他具有類似意見的人對於歷史的研究能像克勞塞維茨一樣的精密，而尤其是對於美國內戰的歷史，則他們應該能夠找到充分的證據足以顯示：兵器已壓倒數量，防禦已經壓倒正面攻擊。

雖然克勞塞維茨並不曾預知速射兵器的發展足以使防禦具有如此巨大的威力，但是此種發展卻使其最重要的理論之一受到相當的重視，此即「戰爭的防禦形式較強於攻擊形式」。在所有一切政治及軍事語文中，防禦與攻擊的區別都是一種重要的區別。雖然在《戰爭論》中克勞塞維茨曾相當強調攻擊都所具有的利益，而尤其是奇襲的利益，但在第八篇（未完成的一篇）他卻作了完全相反的分析。他認為一般人所說攻擊較為有利是不正確的，因為受攻者是遠比攻擊者有利。他享有政治同情以及從保衛本土所得來的精神利益。此外他也會深得地利之便，他可以選擇作戰線並從有準備的陣地上發動戰鬥。其結論是：在現實世界中，防禦實為一種較強的戰爭形式。此外，從哲學的意識上來看，那也是一種較強的形式。克勞塞維茨的理論是有如下述：

> 什麼是防禦的目的？保持。保持是比取得（攻擊的目的）更為容易；由此可知……防禦是易於攻擊……所以，戰爭的防禦形式就其本身而言是強於攻擊的。

此種認為守成較易的說法是頗有辯論之餘地，但撇開複雜的哲學爭論不談，我們還是可以基於現實的立場接受克勞塞維茨的較強形式觀念。

不過，防禦的利益卻又受到一種辯證關係的抵銷。防禦是較強的形式，但只具有消極目的；攻擊是較弱形式，但具有積極目的。而且在追求此種積極目的時，必須決定的，也就還是攻擊者。所以，僅當我們的弱點迫使我們這樣做時，才應採取守勢；一旦當我們感覺到有足夠的強度足以追求積極目的時，就應立即放棄此種形式而轉取攻勢。因此，防禦又必須包括攻擊的轉移在內。

攻擊與防禦之間的辯證關係是以極點（**culminating point**）觀念為中心。假使攻擊未能獲致決定，則其前進必然自動衰竭。其原因是由於前進兵力的補給交通線愈拉愈長，所以必須分兵保護其後方。於是攻擊兵力逐漸減弱，終於會達到這樣一點——即所謂極點——到此時留下來的兵力就只夠採取守勢了。超過了這一點之後，攻守就要開始易勢了。所以克勞塞維茨的防禦是一種延遲的攻擊，其第一階段為消耗，而第二階段則為反攻。他說：「一個迅速猛烈的攻擊，像閃亮的復仇利劍，即為防禦中最卓越之點。」但是他還更進一步說：「一個防禦，若無攻勢的反擊，將是無法想像。」這種說法的意義又是什麼？

克勞塞維茨不可能認為一個沒有反攻的防禦是不可想像，因為這樣的防禦曾獲得多次的成功。事實上，他自己也曾承認，如果受攻者集中其一切兵力在一種「純抵抗的狀態中」，則他可將戰力的優勢用來平衡攻擊者的數量優勢，換言之，僅憑時間的拖延以消耗敵人即可以贏得一場消極而成功的防禦戰。攻擊者將被迫放棄其企圖。

不過，假使克勞塞維茨的意義是說防禦者不可能不戰鬥而防禦，則他所說的也就是一種真理，因為戰鬥的必要性是包藏在他的戰爭觀念中，不管為攻為守都是一樣。也許他的真義是說在殲滅戰略中，若不反攻則不可能毀滅敵人的攻擊兵力。此種邏輯上的複雜性是克勞塞維茨重視決定性會戰觀念的直接後果。會戰的目的是為了毀滅敵軍，所以防禦也就必須反攻，而反攻時機的選擇，則需要憑藉精確的判斷以來發現極點。而這也正是軍人能力的考驗。

除此之外，在克勞塞維茨的全部著作中，其對於精神和心理因素的重視也許應算是其對軍事理論許多貢獻中最有價值的一種。克勞塞維茨曾詳細分析指揮官所應有的精神素質以及存在於任何戰爭情況中的精神因素。在主觀素質中他所最強調的為果敢、堅定的性格，和冷靜的智慧。第一點使行動在戰爭的恐懼而不確實的情況中變為可能。而後二者則能克服任何戰鬥情況中的摩擦、疑惑，和發生恐怖的趨勢。在客觀環境中他特別關心震盪和奇襲兩種心理因素。一部分也正是由於他關心這些事情才使他比較忽視兵器問題，因為不管使用何種兵器，至少就個人的層面而言，死亡、痛苦，和恐懼都是一樣的。更進一步，克勞塞維茨又堅持認為，戰爭指揮官必須了解和學習控制部隊對於死亡和痛苦的反應。所以過去的戰爭經驗對於軍隊及其指揮官實為最好的教育。讀書和理論原則的累積，並不能代替經驗和良好的意識。

這篇導言的重點在於其「主要原則」，那是其微妙複雜的戰爭哲學中的重要部分，但卻並非其全體。此種哲學的概括大綱不久在歐陸上以及其他地區中變成了戰爭指導理論中的支配力量，而尤以普魯士陸軍所進行的戰爭為然。在日耳曼帝國的建造中，克勞塞維茨的思想是居於幕後的地位。他的著作逐漸滲入日耳曼軍事界，在其高足弟子老毛奇當權時也就達到了至高無上的地位。普軍累戰累勝之後，遂使人相信他們對於克勞塞維茨的解釋是合理的。從老毛奇起，對德國的將軍和軍事作家而言，克勞塞維茨一直是他們的開山祖師。不僅魯登道夫是他的再傳弟子，甚至於希特勒也常常說到「偉大的克勞塞維茨」。

很自然地，在一八七〇年慘敗之後，法國人即開始學習其征服者的方法。一八八六年才有《戰爭論》的法文譯本出版，法國人也開始認為德國戰略之所以能獲勝就是因為那是以克勞塞維茨的思想為基礎。福煦元帥也是克勞塞維茨的私淑弟子。

日本人把他們在日俄戰爭中的武功歸之於其德國老師梅赫爾（Mechel），而梅赫爾也正是克勞塞維茨哲學的信徒之一。《戰爭論》的英文譯本在一八八七年首次出現，於是他的思想開始透入英國的軍事圈，並且在美國也獲得了相當的重要地位。

在蘇俄共產黨的軍事思想中，克勞塞維茨也受到同樣的歡迎，據說馬克思在發現了如此傑出的軍事權威著作足以作為其本身對戰爭與政治之間關係的理論的印證時，不禁大喜過望。一八五七年，恩格斯（Friedrich Engels）寫信給馬克思說：

我正在讀克勞塞維茨的《戰爭論》。一種奇怪的哲學思想，但對於其本題卻是非常高明。……

列寧也讀過《戰爭論》，他所重視的是戰爭哲學而不是其指導。當托洛斯基創建紅軍時，他非常倚重前帝國軍官的服務，那些人多數也都曾受到克勞塞維茨思想的薰陶。直到一九三三年為止，紅軍都深受德國人的強烈影響，這也自然增強了克勞塞維茨在蘇俄軍事思想中的地位。在一九三九年以前，蘇俄軍官所最精密研讀的國外軍事著作就是《戰爭論》。

總結言之，克勞塞維茨的原則已成為職業軍人的信條，全世界上多數的軍事學府都把《戰爭論》視為軍事經典。凡是研究戰爭的人，不管是軍人還是文人，對於克勞塞維茨的著作至少是應有相當的了解。作者希望此一導言，以及下面對於《戰爭論》所選摘的片段能夠對於想要了解《戰爭論》的人提供一條捷徑。

戰爭論精華

以下內容均選摘自《戰爭論》的英譯本，原譯者為格拉漢上校（Col. J.J. Graham），經毛德上校（Col. F.N. Maude）編校，一九六二年出版於倫敦。書中摘錄克勞塞維茨名著與今天有關的精華部分。克勞塞維茨的史例均被刪去，因為那大部分所指的均為近代戰爭研究者所不熟悉的戰役及會戰。一切有關十九世紀戰術的部分也同樣被刪去。此外某些陳舊過時的語句也都已改為近代化的相當語句。至於其他對於原譯增補或修正的部分都曾加以註明。

第一章

戰爭的性質

一、何謂戰爭？

（摘自第一篇，第一章）

引言

我們主張在我們的主題的一切關係中，首先考慮單獨的因素，再進到每個分支或部分，而最後才達到全體——也就是由簡單而至複雜。但我們又還是必須在開始時對於全體的性質先作一個鳥瞰，因為在考慮任何部分時，都有經常注意到其與全體的關係之必要。

定義

戰爭非他，不過就是一個大規模的決鬥而已。假使我們把構成戰爭的無數決鬥當作一個單位來看，則我們最好是假定為兩個角力者（wrestlers）。每個人都想用體力迫使對方屈服於其意志之下；每個人都想摔倒其對手，並使其不能再作抵抗。

所以戰爭就是一種以迫使對方實現我方意志為意圖的暴力行為。

暴力利用藝術與科學的發明以來對抗暴力。暴力雖有自我限制，例如國際法，但都微不足道，並不足以減弱其威力。暴力是一種物質力量（因為若無國家和法律的觀念，即無精神力量之可言），所以是一種手段（means）；而迫使敵人向我方意志屈服才是最後目的（object）。為了充分達到此一目的，必須解除敵人的武裝，所以在理論上解除武裝（disarmament）也就變成戰爭的直接目的。它取最後目的的地位而代之，並且把後者擺在一邊，好像那是我們在計算中可以消去的東西。

武力的極端使用

現在，慈善家可能很容易幻想有一種巧妙的方法可以解除敵人武裝和克服敵人而不需要大量流血，同時也認為這是戰爭藝術的正常趨勢。不過不管那種說法是如何的動聽，它仍然還是一種必須清除的錯誤；因為在像戰爭這樣的危險事務中，發源於一種慈悲精神的錯誤是最為嚴重。誠然把物質力量用到最高限度並非排斥智力的合作，不過若有一方面不怕流血而對於武力作不顧一切的使用，而其對方則比較有所顧忌，則他也就一定會居於優勢。於是前者也就居於主動而後者則被迫居於被動。所以雙方對於武力的使用將各趨於極端，唯一的限制即為每一方面本身力量的大小。

對於問題必須採取如此的看法，若是因為厭惡流血而就忽視問題的真相，則不僅達不到目的，而且甚至會違反自己的利益。

假使說文明人的戰爭是要比野蠻人的具有較少的殘酷和毀滅，此種差異是由於國家內部以及國際關係的社會條件有所不同。戰爭是發源於此種社會條件及其關係，而戰爭也受到它們的控制和改變。但這些事物並不屬於戰爭的本身，它們僅為已知條件；若把一種節制原則引入戰爭哲學之中則實屬荒謬。

兩種動機引導人類走向戰爭：（一）直覺的敵意；（二）戰爭的意圖。在我們的戰爭定義中，我們是早已選擇後者為其特徵，因為那也是最普遍的。我們很難想像仇恨的怒火會僅以直覺為基礎，而與戰爭的意圖毫無關係。反而言之，戰爭意圖往往可以不必需要任何敵對的感情而獨存在。在野蠻人之間，發源於感情的觀念具有支配性，在文明人之間，發源於理智的觀念具有支配性；但此種差異是出自外在環境，既存制度等等因素，所以並非毫無例外，儘管大致如此。簡言之，甚至於最文明的民族也一樣可能怒髮衝冠。

由此可知如果認為文明國家的戰爭完全是一種政府的理智行動，並且幻想它會繼續不斷擺脫一切憤怒的感情，終於使物質的戰鬥不再需要，實際上只要計算雙方的兵力關係就夠了——那是一種極其荒謬的想法。假使戰爭是一種暴力的行動，則也同時必然屬於感情的範圍，假使說不是發源於感情，則多少也會對感情發生反應，而此種反應的程度並非依賴於文明的程度，而是依賴於所牽涉利益的重要性和持續時間的長度上。

所以假使我們發現文明國家不處死其戰俘，不蹂躪城市和鄉村，那是因為他們的理智對於戰爭的方式發揮了較大的影響作用，而且告訴他們有比純粹直覺粗暴行動更有效的使用武力方式……武器的不斷進步可以證明毀滅對方的趨勢仍為戰爭觀念的基礎，並不因為文明的進步而有所改變。

所以我們應重述我們的命辭，戰爭是一種推進到其最高限度的暴力行為；由於一方面迫使另一方面接受其所作的規定，於是也就產生了一種相互作用（reciprocal action），並在邏輯上必然導致一種極端（extreme）。這是第一種相互作用，和我們所遭遇的第一種極端。

目的為解除敵人武裝

我們早已說過在戰爭中所有一切行動的目的都是為了要解除敵人的武裝，現在我們將要說明，至少在理論上，這是不可缺少的。

假使要想使我們的對方順從我們的意志，則必須使他處於一種比接受我方的要求所做的犧牲還更不利的處境中；而且這種情況之不利又必須不是一種暫時性的，至少在表面上應如此，否則敵人就不會放棄，而寧願苦撐待變。所以必須使戰爭的延續將導致情況的每下愈況。一個交戰國所可能遭遇的最壞情況即為完全解除武裝。所以，要想使敵人為戰爭的行為所攝服，則對他必須真正的解除武裝，**或使其居於面臨此種威脅的地位**。因此，不管我們用怎樣的說法，解除敵人武裝或打倒敵人應經常作為戰爭的目的。戰爭並非一個活的力量加在一個無生命物質上的行動，而是兩個敵對團體的衝突，因此一種絕對忍受的狀態也就不成其為戰爭；所以我們剛剛說過的戰爭中的行動目的（解除敵人武裝）是對於雙方同時適用。於是這裡又構成另一種相互作用：只要敵人不被擊敗，則他也就有擊敗我們的可能，於是我們就不能保持主動，反而事事受其支配了。這是第二種相互作用，並導致第二種極端。

權力的極端發揮

假使我們想要擊敗敵人，則我們的努力必須與其抵抗力成比例。這是用兩個不可分開的因素之乘積來表示，即為：**（一）可用工具（手段）的總和；（二）意志的力量**。可用工具的總和也許是可以作較精密的估計，因為它是以數量為基礎（雖然並非完全如此）；但是意志的力量卻遠較難於決定，而只可能根據動機的強弱來作某種程度的估計。假定用上述的方式已經對於敵方的抵抗力作成了一種近似的估計，於是我們就應反過來檢討自己的工具，或者增強它們以求獲得壓倒優勢；又或當我們沒有足夠的資源時，也就應竭盡可能來使其增加。但對方也將採取同樣的措施，所以遂又會有一種新的相互增加，那就純粹觀念上來說，必然會產生一種趨向於另一種極端的新努力。這是第三種相互作用，以及我們所遭遇的第三種極端。

現實中的修正

所以在抽象中推理，是不可能不進到極端，因為所要思考的是一種極端，一種不受外在因素影響的權力衝突，而這種衝突除服從其本身內在法則以外也不服從任何其他的法則……

但當我們從抽象進入現實時，一切的事物也就呈現一種不同的形狀。在前者的境界中，一切事物都必須受樂觀主義的影響，而我們必須設想雙方都在追求完善的目標而且甚至於還可以達到。在現實中能否如此呢？假使能夠符合下述三種條件則也許有此可能：

（一）戰爭變成一種完全孤立的行為，它是突然發生，而且與交戰國的過去歷史毫無關係。

（二）戰爭是只限於一種單獨的解決，或幾種同時的解決。

（三）透過一種對戰後政治情況的事先計算，即可使戰爭本身之內包括著完善的解決，而且不產生任何反作用。

戰爭絕非孤立行為

關於第一點，雙方都不是一種抽象的人，尤其是在有關抵抗力總和方面，更有不依賴客觀事物的因素之存在，那就是意志。此種意志並不是一種完全未知量；它是用今天的情形來指示明天的情形。戰爭並非突然爆發，也不會在頃刻之間就發展到最高限度；所以雙方對於對方所作的研判，嚴格說來，大體都是以其現狀和行為為根據，而不是以對方應該是怎樣和應該如何行動為根據。但是人類及其不完全的組織，經常是在絕對完善的水平線下，所以這些缺陷對於雙方均有影響，也就變成一種修正的原則。

戰爭並非由一次單獨立即的打擊所構成

第二點引起了下述的若干考慮：

假使戰爭是以一個單獨解決，或幾個同時解決為終點，則自然所有一切的戰爭準備都會有趨於極端的趨勢，因為若有缺失則可能無從補救；於是現實世界對我們所可能提供的最高指導即為敵人的準備（就我們所已知的限度而言）……但假使戰爭是由幾個連續行為所組成，則自然在以前各階段中的一切經驗也就都可以用來衡量以後各階段中的發展，在這種情形之下，現實世界也就代替了抽象世界，並節制趨向於極端的努力。

假使戰爭所需要的一切工具都是一次產生，或可能一次產生……則每一個戰爭都必然會變成一種單獨解決，或同時解決的總和。

但我們卻早已知道即令是在戰爭的準備中，現實世界也還是取代了純粹抽象觀念……所以所有一切的力量並非是同時發揮的。

而這也是由於這些力量及其應用的性質，以至於它們不可能全部同時參加活動。這些力量為實際已經動員的軍隊、國家（包括其地面和人口），和同盟國。

事實上，國家（連同其地面和人口）除了是一切軍事力量的泉源之外，其本身也構成戰爭中有效數量的一個完整部分，並提供戰場或對戰場發揮相當影響。

現在，固然可能使一個國家的一切活動軍事力量同時參加作戰，但除非那個國家是狹小到可能被戰爭的第一次行為就完全包括在內，否則是無法使所有一切的要塞、河川、山岳、人民等——簡言之，即為整個國家——都投入戰爭。此外，同盟國的合作並非基於交戰國的意志，而是基於國家彼此間政治關係的性質，這種合作往往是要等到戰爭開始後才會出現，又或是為了重建權力平衡才可能增強。

這也就足夠證明要想把所有一切可用的工具都完全集中在一個時間之內，那是違反戰爭的本質。

不過僅憑這一點，又還是不構成足以使我們放鬆累積實力以求獲致首次勝利的理由。因為絕無任何人甘願失敗，而且第一次勝負的決定，雖非唯一的決定，但對於後勢的發展卻具有極大的影響。

但由於有先敗後勝的可能，遂使人因為有不願作過度努力的本性，就會以此種期待來作為藉口；於是對第一次決戰也就不肯盡可能地集中兵力和傾全力以赴。假使有一方面如此，則另一方面也會起而效尤，所以經由此種相互作用，各走極端的趨勢也就會再度降低成為一種有限度的努力。

戰爭中的結果從來不是絕對的

最後，即令是整個戰爭的最後決定也不一定就可以視之為絕對的。被征服的國家時常會認為那不過是一時的挫敗，假以時日也許就可以利用政治結合而捲土重來。這種觀念對於緊張程度和努力程度所發生的調節作用也是至為明顯。

現實生活中的或然率代替了極端和絕對觀念

這樣，整個的戰爭也就擺脫了把暴力發揮到最高限度的嚴格法則，假使極端已經不再受到追求，而容許判斷去決定努力的極限，則那也就必須用現實世界所提供的資料為根據，而現實世界的事實又受到或然率法則（laws of probability）的支配。一旦交戰者不再是抽象的觀念，而是個別的國家與政府，一旦戰爭不再是一種理想的，而是具體實質的程序，則現實將提供資料以來計算所需要知道的未知量。

根據對方的性質、度量、情況，以及其周圍的關係，每一方面也就都會依照或然率的法則以來對於另一方面的計畫作成研判並採取行動。

政治目的

極端的法則，解除對方武裝，打破對方的觀念，就某種程度而言，是已經篡奪了戰爭政治目的的地位。既然這種法則已經喪失其力量，政治目的也就必然會再度出頭。假使全部考慮是一種以具體人物和關係為基礎的或然率計算，則作為原始動機，政治目的在此乘積中也應為一項必要因素。我們向對方所要求的犧牲愈小，則也就可以期待對方所將使用的抵抗手段也會愈小；但對方的準備愈小，則我方所需要的準備也會愈小。更進一步說，我們的政治目的愈小，則我們所賦與它的價值也會愈小，於是我們也就會比較容易受到勸誘而將其完全放棄。

所以，作為戰爭的原始動機，政治目的對於決定軍事力量的目標以及所應作努力的分量都將是一種標準。但政治目的本身並不能提供衡量的標準，它只能在兩國交戰的範疇中產生此種作用，因為我們所關心的是現實，而不僅為抽象觀念。同一政治目的對於不同的人可能產生完全不同的效果，甚或在不同的時間對於同一人也可能產生完全不同的效果；所以，我們只要承認政治目的為一種標準，在考慮它的時候就必須注意其對於民眾的效果，所以民眾本身的性質同時也應列入考慮。很容易看出來，如果群眾受到某種精神的鼓勵，則其效果就會大不相同。常有這樣的可能，當兩國之間存在著某種感情狀況時，即令對戰爭只有非常微弱的政治動機，其所產生的效果卻會完全不成比例——事實上，是一種完全的爆炸。

這應用於政治目的在兩國所喚起的努力上，也應用於軍事行動為其本身所應採取的目的上。有時，政治目的本身即為軍事目的，例如某一省區的征服。但在其他的場合，政治目的本身是不適宜於作軍事行動的目的；於是就必須另選一個相當的軍事目的，並且在媾和的考慮中取代政治目的的地位。但同時，在這裡，也應經常假定對於有關國家的特性曾給與以應有的注意。在某些環境中，為了達到政治目的，所選擇的相應軍事目的必須遠較巨大。政治目的若愈成能為目的和努力的標準，其本身若愈有影響作用，則民眾也就愈冷靜，於是兩國之間由於其他原因而引起的任何敵對感情也會愈少，所以在這種情況中，政治目的幾乎是單獨的具有決定性。

假使軍事行動的目的是政治目的的一種相當物，則當政治目的縮小時，軍事行動通常也會隨之而縮小，而當政治目的的支配愈大時，則軍事行動的縮小程度也愈大。這也就可以解釋，為什麼戰爭可以有各種不同程度的重要性和熱度，從一種毀滅性的戰爭起到僅僅只使用監視兵力為止，而本身並無任何矛盾之存在。不過，這也就導致另一種問題……

在戰爭行動中的暫停

不管雙方所提出的政治要求是如何不重要，所使用的工具是如何微弱，軍事行動所指向的目的是如何渺小，此種行動能否暫停甚至於一分鐘呢？……

一切的事務都必須要有一段時間始能完成，這段時間我們就稱之為它的持續時間

（duration）。這是可長可短，要看行動者對於他的動作給予多少速度而定。

關於這種速度多少的問題我們不必在此加以討論。每個人的行動都有其自己的方式；但是動作慢的人卻並非他自願把較多的時間花在它上面，而是因為他在本性需要較多時間，假使他要想求快則事情就不會做得那樣好。所以，這種時間是基於主觀的因素，並且也是任務實際持續期中的一項因素。

假使我們現在容許在戰爭中的一切行動都有其長度（持續期），則……敵對行動的一切暫停，似乎都不合理。……

只有一種原因可以暫停行動

假使雙方均已備戰，於是只要有一種仇恨的感情就可以使他們進入戰爭；而只要他們仍在繼續備戰，換言之，也就是未能和平相處，則這種感情也就必然存在。於是只有唯一的一種動機可以使雙方中的某一方面願意暫停，那就是他想等待一種較有利的行動時機。從第一眼看來，這種動機永遠只可能存在於某一面，因為對甲有利則勢必對乙有害。假使甲方認為行動有利，則乙方也就可能認為等待有利。

一種完全的權力平衡絕不可能產生行動的暫停，因為在暫停時，有積極目的的一方面（即攻擊者）必然會繼續前進。假使我們想像有這樣的平衡之存在，則有積極目的的一方面，也就一定有最強的動機，於是同時也就必須只支配著較少的工具，因為此種方程式是由動機與權力的乘積所構成，因此我們應認為，假使這種平衡條件的改變不可期待，則雙方應該媾和。……所以我們可以明瞭此種平衡觀念不能解釋行動的暫停，而只會回到期待比較有利時機的問題。

所以，姑且假定兩國中之甲國具有一種積極目的，例如想要征服乙國的一省——那是可以利用於和平談判之中。在該省征服之後，其政治目的即已達到，行動的必要性也隨之消滅，於是對於甲而言也就進入了一種暫時停歇的階段。假使乙國準備接受此種情況，則乙將謀和；否則乙必須行動。現在，若我們假定在四個星期內乙將會居於一種較佳的行動情況，則乙也就有足夠的理由拖延行動時間。

但從那個時候起，對於甲國而言，其合理的途徑又似乎即為行動，因為這樣才能使失敗者（即乙國）不能獲得其所希望的時間。當然，在這樣的推理中，又必須假定雙方對於環境都有完全的了解。

行動將繼續趨向於頂點

假使敵對行動的此種不斷連續性真正存在，則結果將是一切的行動又會再度被迫趨向於極端；因為，除了這種不斷的活動足以煽動感情，並把較大程度的怒火輸入全體以外；這種行動的連續性又會產生一種較嚴格的連續性，一種較密切的因果關係，於是每一單獨行動都會變得更重要，並且也更充滿危險。

但我們知道在戰爭中的行動過程是很少甚或從未具有這種不斷連續性，在許多戰爭中，行動所占的僅為所用時間的極小部分，其餘的時間則都消磨在不行動中。不可能認為這應該經常是一種反常現象；所以在戰爭中暫停行動應該可能，而且本身也無矛盾。我們現在就要說明其理由。

兩極性原則

因為我們假定雙方指揮官的利益經常是對立的，所以也就是假定有一種真正兩極性（polarity）的存在。……

兩極性原則僅在對同一目標的關係中始能有效，在那種關係中正反兩面的利益是恰好彼此對消。在一個雙方都求勝的會戰中，那是一種真正的兩極性，因為甲方的勝利即為乙方的毀滅。但當我們所討論的是兩個不同的事物而其間又有一種共同關係之存在時，則具有兩極性者不是這些事物的本身而是他們之間的關係。

兩極性不能應用於攻擊和防禦

假使只有一種戰爭形式，即攻擊敵人，於是便沒有防禦；又或換言之，假使攻擊與防禦之間的區別僅為前者具有積極動機而後者則否，但所用的方法卻是完全一樣，於是在這樣的戰鬥中，甲方所獲的利益即為乙方的損失，因此真正的兩極性也就會存在。

但戰爭中的行動卻是分為兩種形式：攻擊與防禦，二者之間有巨大的差異而且強弱也不相等，以後還會作更詳盡的解釋。所以兩極性僅存在於二者的關係中，即勝負的決定中，而並非存在於攻擊和防禦的本身之中。

假使甲方指揮官希望暫緩決戰，而乙方則希望提前決戰，但卻只能用同一種行動（即攻擊）。假使甲方是利於在四星期後攻擊敵人，而不利於目前就發動攻擊，則乙方也就會利於目前受到攻擊，而不利於在四星期後受到攻擊。這是一種直接利益衝突，但並非說乙方是利於立即攻擊甲方，那顯然是完全不同。

防禦對攻擊的優勢破壞兩極性，於是戰爭中的行動暫停有了解釋

假使誠如我們以後所證明的，防禦形式是較強於攻擊形式，於是也就會引起一個問題：甲方延緩決戰的利益是否可以抵銷乙方採取防禦形式的利益呢？假使不能，則前者也就不能壓倒後者，並影響戰爭中行動的進展。所以，存在於利害兩極性中的衝力會喪失在攻守強弱的差異之間，而變得無效了。

所以假使目前情況對甲方有利，但其實力卻太弱不能擊敗乙方的防禦優勢，於是即令未來前途可能不利，他也還是寧願等待；因為在不利的未成打防禦戰還是要比在目前進攻或媾和較為有

利。現在既已認清防禦的優勢是非常巨大，而且遠較第一眼看來時更大，則我們也就可以確信在戰爭中所發生的多次中止階段是已獲解釋而並無任何矛盾。行動動機愈弱，則此種動機也就愈會受到攻守異勢的吸收和中和；於是戰爭中行動的停止也就愈頻繁，這也正是經驗的教訓。

對環境知識的不完全也可以解釋行動的暫停

但還另有一個原因也可能促成戰爭中的行動中止，即為對情況知識的不完全。每一位指揮官只可能充分了解他自己的地位，而對於其對方的一切則只能透過不確實的情報始能知道一點；所以根據這種不確實的資料也就可能作成錯誤的判斷，而由於那種錯誤，他也許就會當主動權真正是在其當握中時反而誤以為那是在對方的手中。此種狀況認識的缺乏往往可能造成不適當的行動或不適當的不行動，所以有時會加速行動，有時也會延緩行動。儘管如此，仍應經常認為那是促使戰爭中行動停止而不發生矛盾的自然原因之一。因為基於人類的天性，我們對於對方實力的估計總是寧願過高而不願過低，所以情報的不完全事實上總是非常有助於戰爭中行動的延遲。

戰爭行為的中止可能成為緩和戰爭行為的新因素，因為戰爭行為的中止，在時間上可以沖淡戰爭的行動，克制其過程中的危險影響或意識，並增強恢復雙方權力平衡的手段。激發戰爭的感情衝突愈強烈，則進行戰爭的力量也就愈巨大，於是不行動的階段也就愈短；反而言之，戰爭動機愈微弱，則此種階段也就愈長。因為強烈的動機足以增大意志力，而據我們所知，那也經常是力量乘積中的一個因素。

不行動階段使戰爭脫離絕對境界而使其成為一種或然率的計算

戰爭中的行動愈遲緩，不行動的階段愈頻繁，則所犯的錯誤也就愈易於補救；所以指揮官的研判也就愈可以作大膽的假定並以或然率和推理作為其研判的基礎，而力求避免，趨近理論中的絕對境界（頂點）。所以，戰爭行動愈緩，持續的時間愈長，則也就愈應根據已知環境來作或然率的計算。（譯者註：「probability」可譯或然率也可譯機率，後者為較新的標準數學名詞。）

機會因素

基於以上的分析我們已經了解戰爭的客觀性是如何使戰爭成為一種或然率的計算；現在還缺乏一個因素以來使其變成一種「賭博」（game），而此種因素的確並不缺乏，那就是機會（chance）。在人事中再沒有比戰爭是如此經常而普遍的和機會發生密切關係。與機會結合在一起，意外事件，連同好運在內，在戰爭中都占了相當重要的地位。

戰爭為兼具客觀性和主觀性的賭博

假使我們現在再來看一看戰爭的主觀性質，那也就是戰爭在那些條件之下進行，則似乎更可以發現它像一場賭博。戰爭是存在於危險之中；但所有一切精神素質在危險中是何者居於首要地位呢？勇氣（courage）。誠然勇氣與謹慎的計算是可以互相配合，但它們卻是兩種不同的東西，就本質而言也是兩種不同的心靈素質；在另一方面，冒險、果斷、魯莽都不過是勇氣的表現，所有這些心理都是在追求好運，因為那是它們的要素。

所以，我們從一開始起，就可以看出絕對（也可以稱為數學的絕對）在戰爭藝術的計算中是找不到任何確實的基礎；基本上戰爭就是可能性、或然率、好運和壞運的交相為用，它們聯合起來使戰爭在人類的一切活動中變得最近似一場賭博。

理論與戰爭的主觀性質

雖然理智往往有力求明確的趨勢，但我們的心理又還是常為不確實的因素所吸引。人往往不願沿著哲學和邏輯的窄路走，以求達到一種抽象的境界（在那裡有一種遺世獨立之感，似乎與所有一切已知事物都已脫節），而寧願將其思想留在機會和運氣的領域中。

然則理論是否仍繼續一意孤行，而以絕對結論和規律而感到自我滿足呢？如果這樣，則它也就會變得毫無實用價值。所以理論也同時仍須考慮人性因素；對於勇氣，對於果敢，甚至對於魯莽，也都應給與以應得的地位。戰爭藝術必須考慮活人和精神力量，此種考慮的後果即為它永不可能達到絕對和確定的境界。所以事無鉅細，都會有偶然意外的餘地。而勇氣和自信也就應與這種餘地成比例。所以勇氣和自信實為戰爭中不可或缺的因素，而理論所建立的規律必須能容許這些必要和最高尚的武德有充分發揮的機會。在冒險時仍需智慧和謹慎，只不過它們是要用不同的價值標準來加以評估而已。

戰爭經常是嚴重的

這就是戰爭；這就是指導它的指揮官；這就是統治它的理論。但戰爭卻不是消遣；不是僅只為了報仇和勝利的衝動；也不是一種自由熱心的工作；它是一種為了要達到嚴重的目的而使用的嚴重手段。雖其外表上帶有各種不同的幸運色彩，而其本身也含有憤怒、勇氣、幻想、熱心等因素在內，但那都不過是這種手段的一些特殊性質而已。

一個社會的戰爭——也就是整個國家（民族）的戰爭——經常是發源於一種政治條件，而且也受到一種政治動機的推動。所以，它是一種政治行為。假使誠如我們從單純的觀念所演繹出來的理論：戰爭是暴力的一種完全、無限、絕對的表示，則自從被政所發動之時起，它就應取政策的地位而代之，而且只遵從其本身的法則……這也就正是我們在前面所已經採取的觀點。**但戰爭並非如此，而此種理想則純屬虛妄**。誠如我們所已經看到的，**在現實世界中的戰爭並非一種極端現象**，也不是在一次爆炸之下就自動消滅。它是一種權力的作用，其發展是隨時隨地都有程度上的差異，有時它會有足夠的擴張以來克服抵抗，但有時卻會太弱而不能產生這樣的效果；所以戰爭是一種暴力的脈動，時快時慢，時鬆時緊，但卻經常聽命於一種指導智慧的意志。**假使我們認為戰爭的根本是在於政治目的，則很自然地，此種使其存在的原始動機在其指導中也應繼續成為首要的考慮**。不過，政治目的又並非一種獨裁的暴君；它也必須使其本身適應手段的性質，但雖然這些手段的改變也會對政治目的形成修正，後者卻又經常保持其對考慮的優先權。所以，政策是交織在全部戰爭行動之中，而且在其所發出的暴力性質允許限度之內，應對其產生一種連續的影響。

戰爭僅為政策用其他手段的延續

所以，我們可以發現戰爭不僅是一種政治行為，而且更是一種真正的政治工具，一種政治交易的延續，一種使用其他手段來執行的同樣工作。凡是超越上述範圍的就是特別屬於戰爭本身的現象，那也就只和其所使用手段的特殊性質發生關係。一般的戰爭藝術，以及在每一種特殊情況中的指揮官，也許會要求政策的趨勢和觀點不應與這些手段不配合，而這種要求也的確非同小可。不過無論在特殊情況中，這種要求對於政治觀點的反應是如何強大，但通常仍應視為那只是對政策的一種修正而已；**因為政治觀點為目的，戰爭則為達到目的的手段，而在我們的觀念中手段絕對不可以與目的相脫節**。

戰爭性質中的變化

戰爭動機愈強大，則戰爭也就愈影響整個民族的生存。戰前的感情衝動愈激烈，則戰爭也就愈接近其抽象形式，愈以毀滅敵人為目的，而軍事與政治目的也愈趨於一致，而戰爭也就顯得純粹軍事性較多而政治性較少。但若動機和感情較弱，則軍事因素（即暴力）的自然方向也就會與政治因素所指示的方向比較不一致；所以戰爭也就會變得脫離了其自然方向，而政治目的也脫離了一種理想戰爭的目的，而戰爭遂似乎變為政治性的。

但讀者卻不可形成任何虛偽觀念，**在此必須聲明所謂戰爭的自然趨勢，其意義是僅指哲學的，和純粹邏輯的而言，並非實際參加鬥爭的力量之趨勢**，後者應假定包括戰鬥員的一切感情在內。毫無疑問，在某些情況中感情會激動到如此的程度，以至於很難把戰爭約束在政治路線之內，不過在大多數情況中，這樣的矛盾並不會出現，因為如果有如此強烈的感情之存在，則也就暗示必然有偉大的計畫與之配合。假使這種計畫是僅指向一種小的目的，則民眾之間的感情衝動也就必然會是相對的微弱，於是對他們所需要的是應該是刺激而不是抑制。

所有一切戰爭都應視為政治行為

誠然在某一種戰爭中，政治因素似乎已經失蹤，而在另一種戰爭中，它卻居於非常顯要的地位，但我們仍然可以斷言這兩種戰爭同樣都是政治性。因為假使我們認為國家政策是一種人格化國家的智慧，則當其根據政治天空中的一切星座來計算其本身的行動方向時，大戰的需要也自應包括在內。除非我們不認為政策是一種對一般事務的正確研判，而只是一種——如一般的慣例——過分謹慎、狡猾、甚至不誠實和嫌惡暴力時，後述的這種戰爭才會比前述的更顯得是屬於政策的範圍。

所以第一，**我們應知在一切環境之下，戰爭都不應視為一種獨立的事件，而是一種政治工具；**僅當採取此種觀點時，我們才不至於違反一切軍事史的教訓。這也是了解史乘的唯一途徑。第二，這種觀點也告訴我們隨著動機與環境之不同，戰爭在性質上是應有如何的差異。

在這一方面政治家與將軍所應作的首要、最大，和最具有決定性的判斷，是應正確了解其所進行的戰爭，不要誤以為它是某種東西，又或一心想把它做成某種東西，那是根據其關係的性質而不可能辦到的。所以，這也是一切戰略問題中的最首要者。……

理論的結果

所以，戰爭不僅在性格上像變色蜥蜴（chameleon），因為在每一特殊情況中其顏色都可以有某種程度的變化，而且就其全體而言，在對其中主要趨勢的關係上，又是一種奇異的三位一體（trinity）：（一）包括原始的暴力，連同其要素：仇恨和厭惡在內，那可能使戰爭類似盲目的直覺；（二）包括著或然率與機會的作用，那使戰爭成為一種精神的自由活動；（三）包括一種政治工具的臣屬性質，那使戰爭變得純粹屬於理性的範圍。

這三方面中的第一方面與人民的關係較多；第二方面與將軍及其軍隊的關係較多；第三方面則與政府的關係較多。在戰爭中爆發的感情必須是早已潛伏存在於人民之間的。勇氣和才智在機會領域中的表現程度要看將軍與其部隊的特性而定，只有政治目的則完全屬於政府。

這三種趨勢似乎是一個三公，但卻在主題的性質中各有其深根，而且同時也有程度上的變化。一種理論若把此三者中之任何一方面不列入其考慮的範圍，又或在它們之間建立任何武斷的關係，則立即會陷入一種對現實的矛盾，並且可能立即為此種矛盾所毀滅。

所以，問題是理論必須使其本身在此三種趨勢之間保持適當的平衡。

（摘自第一篇，第二章）

二、戰爭中的目的與手段

現在我們就要檢討戰爭性質對於戰爭中的目的與手段所產生的影響。

首先，假使我們問：為了達到政治目的，戰爭的全部努力應指向何種目的？則我們將會發現它（目標）正是與政治目的以及戰爭特殊環境一樣的複雜多變。

其次，假使在目前我們只考慮純粹戰爭觀念，則我們必須說戰爭的政治目的是與戰爭本身毫無關係，因為假使戰爭是一種強迫敵人實現我方意志的暴力行為，則在所有一切情況中，它都是有賴於我們能夠打倒敵人，也就是解除其武裝，而且僅只依賴這一點。……

在此我們必須立即區別三種概括的目標，而把所有其他的東西分別包括在它們之內。它們是**軍事權力、國家，和敵人的意志**。

軍事權力必須予以毀滅，那也就是要把它**減弱到一種不能再繼續作戰的狀況**。以後當我們使用「毀滅敵方軍事權力」這樣的說法時，其意義即應作如是的解釋。

國家必須加以征服，因為從國家之內又可能再組成一支新的軍事力量。

但即令上述二者均已做到，只是敵人的意志尚未屈服，則戰爭也還不能算是已經結束；那也就是說，敵國政府及其同盟國應被迫簽訂和約，又或其人民都已投降；否則即令我們已經占領其國家，在其內部或由於其同盟國的援助，戰爭仍有再起之可能。而且毫無疑問，在簽訂和約之後也還是可能如此，總之，任何戰爭的本身是並不含有一種完全決定和最後解決的因素在內。

不過通常在簽訂和約之後，怒火也就會逐漸熄滅，因為無論在何種環境之下，任何國家的人民大多數都還是愛好和平的，所以在簽訂和約之後，他們也就會完全放棄抵抗。不管後事如何，我們應認為簽訂和約就應算是已經達到目的，和結束戰爭。

因為軍事權力的存在，主要目的即為保護國家，所以自然的次序是首先應毀滅此種權力，然後再征服對方的國家。

但此種抽象的戰爭目的，即**解除敵人的武裝**，實際上是很少達到，而且對於和平也並非必要條件。所以在理論上也不能算是一條定律。有許多的和約在簽訂時，雙方都並不曾被解除武裝，甚至於權力平衡都並無任何重要的改變，所以我們應認為完全擊敗敵人通常都只是一種幻想，尤其當敵人相當優越時更是如此。

實際上，並非不能再戰，而是另有兩種動機足以促使某一方面自願息爭罷戰。其一是勝算不多；其次是成本太高。戰爭並非一定要拚個你死我活，當動機和感情不太強烈時，只要有輕微的不利機會，即足以促使某一方面自動放棄。現在再假定其對方事先早已知道是如此，則它自然也就只會想造成那樣的機會，而不汲汲於浪費時間和努力以企圖徹底毀滅敵軍。

更足以影響謀和決心的為實力消耗的考慮；不僅已經消耗，而且還要繼續消耗。**戰爭並非一種盲目的衝動，而是受到政治目的的支配，那個目的之價值也就決定所應作犧牲的程度**。不僅在範圍上是如此，在時間上也是如此。

所以，一旦所需代價太大，則政治目的在價值上也就不再能與之相稱，於是這個目的也就必須放棄，而和平即將為其結果。

所以，我們可以看出在戰爭中當一方面不能完全解除另一方面的武裝時，則雙方謀和的動機將會隨著未來成功的機會和所需代價而起伏變化。假使這些動機對於雙方是相等的，則他們將會用折中的方式來解決其政治爭端。假使有一邊謀和動機較強，則另一邊就可能較弱。如果它們的總和足夠，則和平也就會隨之而至，但自然是對求和動機較弱的方面較為有利。

現在就要說到如何影響成功機率的問題。首先要說明的，我們所用的手段自然是與以征服敵人為目標時所用者相同，即為毀滅其軍事力量和征服其領土；不過在這裡，這兩種手段的重要性卻並不完全與有關前述目標時相同。假使我們攻擊敵人的軍隊，我們的意圖可能是在第一次打擊之後，還要繼之以連續多次打擊，直到敵軍全部毀滅為止，又或僅只想打一個勝仗以來動搖敵人的安全感，使其認清我方的優勢，並使其對前途感到憂懼。所以二者之間是大不相同，如果我們是以後者為目的，則我們對於敵軍的毀滅程度也就只應適可而止。類似的，假使目標不是毀滅敵軍，則征服敵人的領土（某些省區）又是一種完全不同的措施。通常當目標為毀滅敵軍時，則毀滅敵軍為真正有效的行動，而占領其省區僅為一種後果；在敵軍尚未擊敗之前而先占領它們則往往只能算是一種不得已的行動。反而言之，如果我們的目標不是想要完全毀滅敵軍，同時我們又已斷定敵人不特不尋求而且還畏懼決戰，則占領一個較弱或無防禦的省區，就其本身而言可能是一種利益，而假使此種利益有足夠的重要性足以使敵人對於全面的結果感到憂懼，則那同時也就可以視為一種達到和平的捷徑。

但現在我們還要再說到一種特殊的手段，可以影響成功的機率而又毋需毀滅敵軍，那就是直接運用政治的權術。假使有某種手段可以破壞敵人的同盟或使其無效，又或替我方爭取新的同盟關係，及產生對我方有利的政治形勢等等，則那也就會變成一種比擊敗敵軍還更易於達到我方目的的捷徑。

第二種問題即為如何消耗敵人的實力，那也就是增高其成功的代價。

敵方實力的消耗首先是在於其武裝部隊的損失，那也就是我們毀滅其兵力；其次是因為領土的喪失——由於我們的征服。

除此兩種手段以外，又還有三種其他特殊的方法也可以直接增加敵軍的消耗。第一是侵入（invasion），即不以保持為目的而來侵占敵人的領土，只想對它作強迫的徵發，或加以蹂躪破壞。在這裡的直接目的不是征服其領土，也不是擊敗其軍隊，而僅是使敵人受到普遍的損毀。第二種方法是選擇那些我們可以使敵人受到最重損害之點來作為我方的行動目標。……第三種方法，就大多數情況而言也是最重要的，即為消磨（wearing out）敵軍的實力！所謂消磨的意義實際上就是使用一種長期連續的努力以使敵軍的物質力量和意志都逐漸歸於耗竭。

假使我們想要利用時間來克服敵人，則我們應盡量以小目標為滿足，因為目標愈大，則自然所須付出的努力也愈大；但是我們所可以設想的最小目標即對敵人作單純的消極抵抗，那也就是一種沒有任何積極觀念的戰鬥。所以，這樣我們的手段也就能獲得其最大的相對價值，因此也就可以確保最佳的結果。然則此種消極的方式又可以實施到何種限度呢？當然不能達到絕對無為之地步，因為僅只忍受並非戰鬥，而所謂防禦是一種盡量毀滅敵方實力以使其放棄其目的的活動。在每一個單獨行動中都應以此（盡量毀滅敵方實力）為目的，這才是我們對目標的消極性解釋（編按：一言以蔽之，即「集小勝為大勝」）。

毫無疑問的，這種消極性企圖在各個行動中所獲得的效果，較積極性企圖在同一方向所獲的成功，自然較為遜色，……但它卻含有較大的成功機會。其在單獨行動中所缺乏的效率可以用時間來抵補，所以這種消極意圖，是符合純粹防禦的原則，也是消磨敵人實力的自然手段。

這裡也就存在著攻擊與防禦的差異根源，此種差異的影響是遍及整個戰爭領域。我們可以發現防禦的一切利益都是出自此種消極意圖……假使消極目的，即集中一切手段在一種純粹抵抗的狀態中，是可以構成優勢，而此種利益又足以平衡對方所可能具有的數量優勢，則僅憑時間的拖長即可以逐漸消耗對方的實力，而到了某一點當他認為政治目的已經不再能和此種損失相當時，他也就必須放棄這種競爭。我們可以發現有許多例證，當以弱敵強時都是使用這種方法。

我們可以發現有許多不同的途徑都可以達到戰爭中的目的；**而它們並非全部要求徹底擊敗敵人**。除了上述種種以外，我們還可以再加上一些其他的捷徑。……我們也許可以說可能達到目的路線會多到無限。

為了避免低估這些不同的捷徑，或是認為那僅為稀有的例外，或是認為它們對於戰爭指導的影響渺小不足道，我們必須在內心裡記著可能引起戰爭的政治目的也同樣種類繁多——假定一種是為了政治生存而作的決死鬥爭，另一種是受到同盟關係拖累而勉強參加的戰爭，則其間的距離真是不可以道里計。實際上，除此二者以外又還有許多不同的等級。假使我們在理論中拒絕接受這些等級中的任何一種，則我們也就可能有同樣的權利拒絕接受其全體，於是也就無異於完全忽視現實世界的存在。

以上所云都是與我們在戰爭中所應追求的目的有關聯的一般環境；現在再來分析手段問題。只有唯一的手段，那就是**戰鬥**（fight）。不管其形式是如何複雜，不管其與肉搏戰的強烈仇恨發洩是有如何巨大的差異，不管有多少種並非實際戰鬥的因素自動參加進來，在戰爭觀念中經常暗示的為一切的效果都還是以戰鬥（combat）為根本。（譯者註：在《戰爭論》中，「fight」和「combat」兩字意義相等並交換使用。）

在極為複雜的現實情況中必須經常是這樣，這一點可以用非常簡單的方式來予以證明。所有一切在戰爭中的行動都是透過武裝部隊以行之，而當使用武裝部隊（即武裝的人員）時，戰鬥觀念也就必然是其基礎。

所以，一切與戰爭中兵力有關的因素——所有一切與其建立、維持和應用有關的一切事物——都屬於軍事活動。

假使戰鬥觀念構成一切運用武裝部隊的基礎，則他們的運用也就不過是決定和安排若干次的戰鬥而已。

所以，在戰爭中的一切活動必然與戰鬥具有直接或間接的關係。軍隊要徵召、補給、裝備、訓練，他們睡眠、飲食，和行軍，所有一切都不過是為了**在適當的時間和地點上進行戰鬥而已**。

假使一切軍事活動的線索都是以戰鬥為終點，則當我們安排戰鬥序列時，也就應總攬著它們。效果是發源於此種序列及其執行，而絕非直接出於在其以前的一切條件。在戰鬥中所有一切行動都是以毀滅敵人為目的，又或應該說是毀滅其戰鬥力（**fighting power**），因為這也是包括在戰鬥觀念之內。所以毀滅敵人戰鬥力經常即為達到戰鬥目的的手段。

這個目的也可能僅為毀滅敵方武裝部隊，但卻並非必須如此，它也可能是其他完全不同的事物。譬如說，我們曾經指出擊敗敵人並非達到政治目的的唯一手段，作為是戰爭中的目的，也還可以使用其他的手段，因此那些目的也就可以變成戰爭中特殊行動的目的，所以也就同樣可能是戰鬥的目的。

即令那些戰鬥從嚴格的意義上來說，是專心致力於毀滅敵人的戰鬥兵力，但卻也還是不需要把毀滅的本身視為其第一目的。

假使我們想到一支巨大的武裝部隊是有許多部分，而當其使用時，也有各種不同的活動環境，則這種兵力的戰鬥也就顯然需要複雜的組織，和各種不同的單位。於是也就自然對於某些特殊單位而言，會有一部分目的本身並非毀滅敵方的武裝部隊，雖然它們對於毀滅的增加是仍有某種貢獻，但那卻只是經由間接的方式。舉例來說，假使一個營奉命把敵軍逐出某一高地或橋頭，則占領該點實為真正目的，而毀滅敵軍僅為其手段或次要的事件。假使僅憑示威的行動即能將敵軍趕走，則目標也還是同樣可以達到；但事實上，為什麼要攻占這一座山或這一座橋，其原因又還是為了要增重敵軍所受的損失，假使在戰場上的情形是如此，則對於整個戰爭而言則更是如此。因為那不僅是一支軍隊對一支軍隊，而是一個國家對一個國家。所可能的關係和可能的綜合也都遠較複雜。

所以有許多原因可以確定戰鬥的目的並非僅為毀滅當前的敵軍兵力，而那似乎只是一種手段而已。而當雙方兵力強弱相差頗遠時，則更可毋需戰鬥，而弱者就會自動放棄。

假使戰鬥的目的並非經常為毀滅對抗的兵力——而且假使不需戰鬥，只要表示求戰的決心，也常能照樣達到目的——於是這也就可以解釋為什麼當實際戰鬥並不扮演任何重要角色時，整個戰役也還是可以熱烈進行的理由。

我們已經認為毀滅敵軍兵力為戰爭中可能追求的目的之一，但卻不曾決定其在其他目的之間的相對重要性。

戰鬥為戰爭中的單純活動；在戰鬥中毀滅當前的敵人即為達到此種目的的手段，即令不實際發生戰鬥時也是如此，因為在那種情況中，其決定勝負的根本即為假定此種毀滅已毫無疑問。所以，也就可以說毀滅敵方軍事力量實為戰爭中一切行動的基礎。……對於戰爭中的一切行動，無論大小，使用武器的決戰就好像是付現之於票據交換一樣。不管二者之間的關係是如何遙遠，不管付現（戰鬥）的機會是如何稀少，但它絕不會永遠完全不出現。

假使用武器的決戰為一切行動的基礎，則可以說敵人只要在戰場上獲得一個勝利即可以擊敗這些行動中的每一個，而且此一戰場也並非僅限於我方作戰所直接依賴者，在任何其他方面只需有足夠的重要性也都可以。因為每一個重要決戰——即能毀滅敵軍——都會對其以前的一切行產生反應，正像一種液體一樣，它們會有自趨於水平的趨勢。

所以，毀滅敵方兵力似乎經常為較優越和較有效的手段，所有其他一切的手段都應自愧弗如。

不過，僅當假定在所有其他一切條件都相等時，我們才可以認為毀滅敵軍是最有效。所以，若認為盲目的猛攻經常應能勝過技巧和慎重，那實在是大錯而特錯。一個缺乏技巧的攻擊可能會導致我軍的被毀而非敵軍的被毀，所以絕非此處所指的意義。優越的效率是不屬於手段而屬於目的。

假使說到毀滅敵方的武裝部隊，**則我們又必須明白指出並無任何事物迫使我們將這種觀念僅限於物質力量**；反而言之，精神力量（士氣）也必須包含在內，因為事實上是彼此交織在一起，即令在最小的細節上也都是不可分的。此種精神因素是最具有流動性，所以也就最容易貫徹到所有各部分。

毀滅敵方兵力在價值上雖遠比所有其他一切手段優越，但此一手段又自有其成本和危險，為了避免這些成本和危險，任何其他的手段才會被採用。在其他一切條件相等之下，我們愈欲毀滅敵方的兵力，則我方本身兵力的消耗也就會愈大，此實乃自然之理，必須認清。其危險亦在此，我們所尋求的較大攻效會對我們自己發生反彈，所以一旦失敗，其後果也就會更加惡劣。

若使用其他方法，則當其成功時成本較低，而當其失敗時則危險也較少，不過其關鍵又在於敵人也採取同樣的原則；如果敵人決心尋求大規模的決戰，則我們為了與之對抗，也就必須違反自己的本意，而不得不在手段上作適當的改變。（編按：這一段話中暗示了一個非常重要的概念，即戰爭實為一相對問題，必定有敵我兩面。戰爭中敵我雙方的行動是相對的，任何人所能確定的只有自己的這一面；而對方有其自由意志，其行動是我方所無法確定的。）在這樣的情形之下，若其他一切條件相等，則我方大致是居於不利的形勢，因為我方的觀點和手段已經分散，而對於卻是完全集中的。因為這個不同的目的，彼此衝突，如果兵力用之於甲則自不可用之於乙。所以交戰雙方若有一方決心尋求大規模決戰，假使他能斷定其對方不作如此想法而另有其他目的，則他也就會有很高的成功機會。而任何人也只有假定其對方不尋求決戰時，然後才可以合理的去追求其他目的。

不過以上所云是只與積極目的有關。當我們採取純粹防禦態勢時，則也就沒有積極目的，所以在此時我方的兵力也就不可能同時指向其他目的；它們只可能用來擊敗敵方的意圖。

現在我們就要考慮毀滅敵方兵力的反面，那也就是保存我們自己的兵力。這兩種努力經常是同時存在，因為它們是彼此交相為用；它們是同一觀念的完整部分，而我們所要分析的僅為當何者占優勢時，其所產生的效果將會如何。毀滅敵方兵力的企圖具有一種積極目的，並導致積極結果，而其最後目的即為征服敵人。保存我方兵力的企圖具有一種消極目的，所以導致擊敗敵方的意圖，那也就是純粹的抵抗，而其最後的目的不過為拖長鬥爭的時間，以使敵人勞而無功。

具有積極目的的努力要求毀滅的行動；而具有消極目的的努力則只是等待它。但等待並非絕對的忍耐，而在其有關的行動中，也還是同樣包括毀滅敵軍的目的在內。所以若假定採取消極路線的後果即為禁止我們選擇毀滅敵軍為目的，並且必須採取一種不流血的解決，那才是在基本觀念上犯了大錯。誠然消極努力的優點也許可以導致不流血的解決，但此種問題的決定權卻是操之於敵而不操之於我（編按：戰爭為一相對問題，敵人有其自由意志）。所以萬不可以為不流血的方式即為滿足我們想要保存自己兵力願望的自然手段，反而言之，當環境不利時，它卻可能正是完全毀滅它們的手段。有許多將領曾經陷入此種錯誤，而因此遭受敗亡。

所以，我們可以看出雖有許多途徑足以達到政治目的，但唯一的手段卻是戰鬥，所以一切事物都是受到一條最高法則的支配：那就是**使用兵力以決定勝負！**

危機的流血解決，毀滅敵方兵力的努力，實為戰爭的初生子。若當政治目的不重要，動機微弱，暴力的刺激不大，則一位慎重的指揮官會嘗試所有各種不同的途徑，避免巨大危機和流血解決，利用敵人在戰場上和政府中的弱點，以來巧妙的達到簽訂和約的目的，如果其行動所根據的假定是有良好基礎而且事後的成功也已證明其合理時，則我們也就無權向其挑剔；不過我們仍必須要求他記著他只是在禁止通行的道路上行走，隨時都可能會受到戰神的奇襲，所以他必須對敵人經常保持警戒，以免當敵人以利刃相向時，而他卻感到措手不及。

第二章

戰爭的現實

一、對於戰爭的天才

（摘自第一篇，第三章）

在人生的任何專業中，如欲獲致成功，都需要某些特殊的理智和精神素質。當這些素質是高度的，並且從優異的成就上表現出來，則它們所屬於的那個心靈即可稱之為天才（genius）。

……要想確定天才的精髓是一種非常困難的任務；但我們既不以哲學家和文法家自居，則必須使其解釋合於一般語文中的常用意義。照此種了解，「天才」就是對於某種職業具有一種非常高度的心靈容量（能力）。

……但我們的討論不能專以真正的天才，亦即具有高度才能者的探討為限，因為這種概念並無明確的界線。我們所要考慮的是所有那些**共同**對軍事活動產生作用的天賦才智和性情，這些因素的全體我們即可以視之為**軍事天才的精髓**，我們之所以要說**「共同」**，那就是特別要強調不只是某一種單獨的素質，例如勇氣，是與戰爭有關，而其他的心靈和精神素質則或感缺乏，又或指向其他對戰爭無貢獻的方向，而是認為軍事天才存在於一種許多要素的和諧組合之中，在其中可能有某一種具有支配性，但卻絕無任何一種會產生反作用。

一個民族所從事的活動範圍愈小，則軍事活動也就愈具有支配性，於是軍事天才也就會愈普遍。但這只是指其分布而言，與其程度無關，後者是依賴在這個國家中的全面學術文化水準之上。假使我們去觀察一個野蠻好戰的種族，則可以發現其個人具有好戰精神者是遠比在文明民族中較為普遍；因為在前者方面幾乎任何戰士都具有此種精神，而在文明民族中，全體人民對於戰爭只會視為一種需要，而不可能有好戰的傾向。但在非文明民族中我們從來不曾發現一位真正偉大的將才，而且也很少有人可以適當的稱之為軍事天才，因為那是需要一種在非文明國家中所不可能找得到的智力發展。當然，文明民族中也可能會有好戰的趨勢及發展，而此種趨勢愈普遍，則在其軍中也就愈易發現具有軍事精神的個人。當此種精神與較高度的文明結合為一時，則這些民族也就會有卓越的武功，例如羅馬人及法蘭西人。在這些以及在其他民族中，名將輩出的時代往往亦即為文化水準較高的時代。

由於我們即可以想見智力在優秀的軍事天才中所占的分量是如何巨大。關於這一點我們在下文中還要再加以較詳細的分析。

戰爭為危險的領域，所以勇氣是超越一切事物之上而成為戰士的第一素質。

勇氣有兩種：（一）為物質勇氣（physical courage），即個人面臨危險時的勇氣；（二）為精神勇氣（moral courage），即為承當責任的勇氣。後者或是站在外在權威的判斷之前，又或是站在內在良知（conscience）的判斷之前。首先只在此討論第一種。

個人面臨危險時的勇氣又可以分為兩種：第一，它可能是對於危險的漠不關心。其原因或者是由於個性特殊，或者是由於置生死於度外，又或者是習慣所使然。不管是那一種情形，它都應視為一種永恆性的條件。

第二，勇氣也可能發源於積極的動機，例如個人的自負、愛國心，以及其他任何種類的熱心。在這種情形中，勇氣與其說是一種正常條件，則毋寧說是一種衝動。

我們可以想像到二者作用之不同。前者比較確實，因為那已經變成一種第二天性，與人的本身已不可分；後者則時常會領導人前進。前者是以堅定勝，後者以果敢勝。前者使判斷較為冷靜，後者有時雖能提高其能力，但卻也常使其迷惑。兩者的結合則可造成最完美的勇氣。

戰爭是肉體勞苦的領域，為了不完全受到此種勞苦的壓制，則必須有某種體力和心力，或出於天生或由於習得，足以對它們產生抵抗作用。有了這種素質，在簡單的常識指導之下，一個人也就可以立即變成一種適當的戰爭工具；而這也正是在野蠻和半開化的部落中所常見的素質。假使我們再進一步分析戰爭對於從事作戰者的要求，即可以發現理解力（智力）是最為重要。**戰爭是不確實性（uncertainty）的領域：作為計算戰爭行動基礎的一切事物中有四分之三多少都是隱藏在巨大不確實性的霧幕內**。因此，最重要的即為一種精明和洞察的心靈，足以憑藉其判斷以發現事實真相。

一個一般智力水準的人，在某一種時機中，也許會偶然的猜中事實的真相；而在另一種時機中，特殊的勇氣對於此種智力的缺乏又可能產生補償作用；但在多數的情況中，其平均成果，無不受到智力欠缺的影響。

戰爭為機會的領域！由於一切情報和假想所具有的不確實性，以及機會因素不斷出現，戰爭中的行動者經常發現事實與其期待不符；而這也必然會影響他的計畫，或至少影響與其計畫有關的假定。如果此種影響是如此巨大足以使預定計畫完全失效，則通常必須另擬新計畫以來代替它；但在此時又時常缺乏必要的資料以供另擬計畫之用，因為行動過程中，環境迫切要求立即作下決定，並且沒有時間去搜集新資料，甚或做徹底的思考。

不過更常見的情形是某種假想的修正，和機會因素的出現，並不至於完全推翻原定計畫，而只足以產生猶豫遲疑。對於環境的知識雖已增加，但不確實性卻不特沒有減低，反而還更增高了。其原因是由於我們並非一次獲得我們的經驗，而是逐步獲得的；所以我們的決心也就繼續不斷的受到新經驗的衝擊；所以心靈（我們姑且用這種說法）是必須經常「保持戒備」。

在此種與意外因素的不斷搏鬥中若欲平安通過，則又有兩種素質絕不可少：第一，**一種智力，即令在這種極端黑暗的環境中，也還是能發出一線內心的光明，足以指出真實的方向；其次則為追隨此種微弱光線的勇氣**。……（換言之）**即為決心**（resolution）。……所謂內心的光明者也就無異於是說能夠迅速發現事實真相，那是一般平凡的心靈根本就視而不見的，又或是必須經過長時間的思考始能發現的。

在單獨的情況中，決心是一種勇氣的行動，假設它變成了一種特性，則它也就是一種心靈的習慣。但此處所謂勇氣者，並非指面臨危險的勇氣，而是指面臨責任的勇氣……

對於決心我們所賦與任務即為掃除疑惑的煩惱，以及在缺乏足夠動機的指導之下，猶豫遲誤的危險（編按：簡單地說，即為「果斷」）。

此種克服疑慮的決心只可能發源於智力，事實上更是發源於智力的一種特殊趨勢。我們認為僅憑優越的智慧和必要的感情還不足以產生決心。有人對於最困難的問題具有極敏銳的洞察能力，而且也無畏於責任，但是在面臨困難時卻還是不能立即下定決心。他們的勇氣和智力是彼此獨立行動，而不互相支援，所以結果遂不能產生決心。決心的先驅是一種認定有冒險需要的心靈作用，所以也就能夠影響意志。這種非常特殊的心靈指導，利用人類對於**躊躇**和**遲疑**的畏懼以來克服其他一切的畏懼，能在堅強心靈中作成決心；所以，在我們的意見中，缺少智力的人是永遠不會有決心。他們在困惑的環境中也還是可能毫無猶豫的採取行動，但那只是不假思索的行動。當然在不假思索時，也就不會有所疑慮，這樣的行動雖也可能歪打正中，但純屬偶然，唯有真正的軍事天才才能常常獲致成功。假使我們的這種理論會使任何人感到驚異，因為他知道有許多堅決的軍官並不是深入的思想家，則我們必須提醒他這裡的問題只是有關於一種特殊的心靈方向，而與偉大的思考能力無關。

在內心的靈光和決心之後，我們也就自然要談到與其親近的素質，即所謂**沉著**（**presence of mind**，可作急智、鎮靜、應變能力解），在像戰爭這樣意外多變的領域中，它是應扮演重要的角色，因為實際上，那也就不過是一種偉大的處變不驚態度而已，我們為什麼對於沉著表示欽佩，那是因為它對於任何突如其來的問題都能提供簡明扼要的答案，對於突然出現的危險都能提供現成的應急手段。此種答案和手段本身並不需要有什麼特點，只不過是它們能夠迅速應變，恰到好處而已。……

此種高貴的素質究竟是出於其心靈的特殊者較多，還是出於其感情的平衡者較多，那是要看個別的情況而定，不過此二者卻一定是不能完全缺乏。對答如流固然代表一種機智，但對於突然的危險能夠沉著應付則暗示一種特殊良好的平衡心靈。

戰爭是在下述四種因素所構成的大氣層中進行，那就是**危險**、**肉體的勞苦**、**不確實性**，和**機會**。只要對此四者略加觀察，即可很容易了解要想在這些反對因素之間獲得安全和成功的進行，則一種巨大的心靈力量實為必要條件。依照環境所產生的各種不同限制，我們發現軍事作家對於此種力量曾給與以不同的名詞，……例如：**毅力**、**堅定**、**心靈和性格的堅強**等等。凡此種種對於英雄本色的表現也許都可以視之為同一意志力，只不過依照環境而有所變化；但儘管這些事物是彼此非常接近，但它們卻又並非同一事物，所以我們在這裡至少對於精神力量與它們之間的作用是應有較深入分析之必要。

假使全體人員都精神旺盛，勇敢善戰，則將領在追求其目標時，也就很少有表現巨大意志力之必要。但一旦困難開始發生時——當雙方所爭的賭注是影響重大時則必然經常會發生困難——一切的事情就不會再像一具潤滑良好的機器那樣順利運轉了，而機器的本身也開始產生抵抗作用，於是為了克服這種作用則指揮官就必須有一種偉大的意志力。這裡所謂抵抗者，並不一定就是不服從或口出怨言，雖然就特殊的個人而言，這種情形也是很普遍的；主要的是一切物質和精神力量都有全面崩潰的感覺，流血犧牲的慘烈景象使指揮官的內心也發生了震撼，而所有其他人員也都直接或間接把他們的印象、感情、焦急，和希望轉移給指揮官。當這些力量從許多個別人員身上表現出來，而憑他們自己的意志力量已經無法支持和抑制時，則全部質量的惰性也就會逐漸把它的重量加在指揮官的意志之上。……如果其本身的精神不夠堅強，則不特不能重振所有其他人員的精神，且群眾的重量更會拖著他下沉到一種屬於動物天性的較低境界，那也就是臨難苟免和不知羞恥。軍事指揮官若欲揚名於世，則其勇氣和智力就必須能克服此種重量。……

在行動中的毅力（energy）表示透過行動所發揮出來的動機強度，此種動機是發源於理智，抑或發源於衝動都無關大雅。不過當偉大力量自我表現時，後者通常又都是不可缺少的。

在戰鬥的緊張情況中，我們認為所有一切充塞人心的高尚感情，再沒有比追求榮譽和名譽的精神更為強烈和持久。……毫無疑問，在戰時往往由於此種精神之濫用，而使人類作一種可怕的暴力發洩，但就其根源而言，它們的確是屬於人類天性的最高尚感情，而在戰爭中也是給與巨型組織以精神的活原則。……各級指揮官，從上到下，也都是憑藉此種精神和活力，以使其部隊的行動虎虎有生氣並終抵於成。……

堅定（firmness）是指意志對某一個單獨打擊的抵抗而言；**堅忍**（staunchness）則與連續的打擊有關。雖然二者非常類似，而且常常彼此混用，但其間卻還是有一種顯著差異之存在而不可以忽視。由於堅定所應付的為一次單獨的強烈印象，所以其根源可能僅為一種感情的力量；而堅忍則必須獲得理智的支持，因為行動持續時間愈長，則與較有系統的思考關係也愈為密切，所以堅忍的力量來源有一部分是出於這一方面。

現在再說到**心靈或性格的堅強**，首先我們就要問這種說法究竟作何解釋。

顯然這不是感情的激烈表現，也不是一觸即發的怒火，因為那是與一切語文的解釋相反，而是在最激烈的感情刺激之下，在最猛烈的怒火燃燒之下，聽從理智指導的能力。……此種甚至於在感情非常激動的時候，仍能使自己接受理智控制的能力，我們也可以稱之為自制力（selfcommand），其根源即為人心的本身。事實上，那也是一種感情，在堅強的心靈中足以平衡衝動的怒火但卻並不會毀滅它們，因此僅憑此種平衡，然後理智始能發揮其控制。這種平衡力實際上也正是對人性尊嚴的認識，即自認為人乃萬物之靈，所以一切行動必須以理性為基礎。所以我們也可以說所謂堅強的心靈，其意義就是即令在激烈的衝動之下仍能不喪失其平衡。

所謂性格（character）的堅強，或即簡稱之為性格，即指堅於所信的意義。……但假使信念的本身時常改變，則此種堅定也就自然無從表示。此種頻繁的改變又不一定是外來影響的後果；它也許是出自我們自己心靈的連續活動，在此種情況中，那也表示心靈的一種特殊不穩定性。所以假使一個人的信念每一分鐘都在改變，則我們絕不能說他具有性格，儘管這種改變的動機大部分又都是發源於其自己的心靈。所以，只有信念相當持久不變的人，才可以說他具有性格堅強的素質。

在戰爭中，由於心靈是暴露在許多怵目驚心的印象之下，而一切知識和科學也都具有不確實性，所以有許多事物的出現都足以使人喪失對於自己和他人的信心，並促使他們改變其原有的行動路線。

（在戰爭中）往往除了一條具有命令性的原則以外，即更無其他任何的東西可以幫助我們，這種原則是獨立於思考之外，但卻同時又控制它；其內容為在一切有疑問的情況中，應堅持原有意見不變，除非已有一種明確的信念迫使我們改變，否則絕不放棄原有的意見。我們必須堅信此一百試不爽的原則所具有的最高權威，而在臨時事項的誘惑影響之下時，應勿忘記它們的價值都是次一等的。要堅持此一原則，也就是堅持原有的行動，所需要的也正是構成所謂性格的穩定性和一貫性。

很容易看出一個平衡良好的心靈對於性格的堅強是如何的必要；所以具有堅強心靈的人通常也都具有堅強的性格。

性格的力量往往會把我們導向一種與其極為類似的歧途——即**頑固**（obstinacy）是也。

在具體的情況中，往往很難指出何處為前者的終點，何處為後者的起點；但反而言之，在理論上要想確定它們的差異卻似乎並不困難。

頑固不是理智的過失，……而是感情或心理的過失。此種意志的缺乏彈性，此種對矛盾的缺乏耐性，其唯一的根源是一種特殊的自我主義（egotism）。我們假使沒有更好的解釋，也可以說它是一種虛榮（vanity）。不過虛榮是僅以外表為滿足，而頑固則是基於對事物的喜好而產生。

所以我們說，如果對於反對意見的抵抗不是出於一種較佳的信心，也不是以一種較可信賴的原則為根據，而是發於一種反感，則此時性格的力量也就會退化為頑固。假使誠如我們在上文中所早已承認的，這種定義在實際上是殊少裨益，但它卻仍然足以預防我們把頑固看作僅為性格力量的強烈表示。……

在偉大軍事指揮官的這些高貴素質中，當我們認清了心靈和頭腦是必須在其中合作之後，現在就要進一步討論軍事活動的另一種特徵，那也許可以稱之為最顯著的，姑不說是最重要的，它只需要心靈的力量（理智），而與感情的力量無關。那就是存在於戰爭和地形之間的關係。

第一，此種關係為戰爭的一種永恆條件，因為不可能想像有組織的軍隊若無某種指定的空間還能採取任何有效的行動；第二，也是最具有決定重要性的，因為它影響所有一切兵力的行動，有時更完全改變它們；第三，這種關係一方面是關係到局部的細密情形，而另一方也可能應用於廣大的地域。

因此，這種戰爭與地形的關係是特別值得重視。……戰爭中的指揮官當他採取行動時，其所要涉及的空間是他的眼睛所不能觀察的，即令有最敏銳的熱心也經常不能探索，而且由於經常發生變化，所以他通常也很難獲得適當的熟習。誠然敵人通常也是居於同樣的情況；不過第一點，即令這是雙方所共有的困難，但其為困難的程度並不為之減少，而才智與經驗較豐能克服此種困難的方面也就居於一種真正有利的地位；第二點，此種雙方困難相等的觀念只是一種抽象的假定，實際上很少真正如此，因為通常總是有一方面（常為防禦者）對於局部的地形比較熟習。

此種非常特殊的困難必須用一種特殊的天才來予以克服，那是常被稱為「地形感」（sense of locality）——實在是一個太狹義的名詞。那也就是能在任何地區迅速形成一種正確的幾何觀念，於是在任何時候也都能正確的發現自己的位置。這顯然是一種想像力的作用。此種印象毫無疑問是一部分出於視覺，一部分出於心靈，**後者用發源於知識和經驗的觀念以來填補觀察的空洞，並且把眼睛所看到的零碎景象拼成一個整體**；但此一整體要栩栩如生的將它本身呈現在理智的面前，應構成一幅由心靈所繪成的圖畫（地圖），而此種圖畫一經固定之後，所有一切的細節也都不應再互相分離——以上所云種種都只能用心智的作用來完成，此即我們所謂的想像力（imagination）。……

自然這種能力的發揮是應該隨著階級而增大。指揮一支巡邏隊的步兵士官只要知道一切的道路，和具有少許觀察力就夠了，但是一個軍團司令卻必須了解一省或一國的概括地理情形。毫無疑問，各種有關的情報資料、參考圖書，以及其幕僚人員在細節上的協助，對於他都是大有幫助。儘管如此，他本身還是必須具有對一個國家迅速明確構成一幅理想地圖的本領，這樣才能使他的行動輕快而堅定，並且使他不至於感到徬徨猶豫，而且也可以減少其對他人的依賴。

假使說這種才能是應歸功於想像力，則這也幾乎是它對軍事活動的唯一貢獻，在其他方面其影響是害多於利。

現在把軍事活動對於人類天才的各種不同要求綜論如下：幾乎在任何地方，智力似乎都是一項必要的合作力量，所以我們應能了解戰爭的功效雖然是如此簡單明瞭，但是缺乏優異理解力的人在戰爭的指導上是絕對不可能獲得優異的成功。

（摘自第一篇，第四及第五兩章）

二、戰爭中的危險和勞苦

通常在我們尚未了解危險的真相時，我們對於它所形成的印象往往是具有吸引力而並不感到可怕。在狂熱之中，向敵人衝鋒——又有誰考慮到槍林彈雨，血肉橫飛的可怕呢？在一瞬間的盲目衝動之下，奮不顧身，視死如歸似乎並不困難。但這卻只是一瞬間的事情。……

假定我們陪伴著一位新人初入戰場。當我們接近戰場時，如雷的砲聲也就越來越響，不久就繼之以砲彈的嘯聲，足以吸引無經驗者的注意。砲彈開始落在我們附近的地面上，或前或後。我們匆匆的走到將軍和他的許多幕僚所在位置的小丘上。在這裡砲彈時常落下，足以使青年人的想像中開始感覺生死的嚴重性。突然某一位我們所認識的人倒下來了——一顆砲彈在人群中爆炸，造成了相當的恐怖。我們也就開始感覺到很難輕鬆鎮靜，即令是最有勇氣的也都至少會發生某種程度的混亂。現在，我們再向前一步，戰鬥就像舞臺上的布景一樣在我們的眼前展開；我們走到最接近的一位師長身邊，在這裡彈如雨下，而我方自己的砲聲也更增加了混亂的氣氛。從師長的位置再走到旅長的位置，他是一位以英勇聞名的人，也謹慎的躲在丘陵、房舍，和樹木的後面——這是表示危險益增的確實象徵。榴霰彈在屋頂上和田野中發出嘯聲；砲彈在我們頭上朝各個不同方向飛過，不久就又可以經常聽到步槍子彈的嘯聲。再向前一步就達到了部隊的本身，那些堅毅的步兵在這種重大火力之下，已經硬挺了幾個小時之久；在這裡空氣中是充滿了子彈的嘶嘯聲，在極短的時間之後，那些子彈就會擦身而過，距離耳部、頭部，或胸部也許還不到一寸的距離。

除此以外，死傷枕藉的慘象也更是怵目驚心。青年軍人在經過這許多層次的危險之後，才會知道實際的戰爭與紙上談兵完全不同。假使在這種第一次的印象之下，而仍能不喪失其作任何立即性決定的能力，則他也就的確是非常人也。誠然習慣可以沖淡這個印象，在半點鐘之後，我們對於周圍的情形也就會開始多少感到不在乎，但是一個平凡的人在這樣的環境中卻根本上不可能完全恢復其心靈的冷靜和天然彈性，所以我們可以了解在這裡僅只有一般的素質是不夠的——而活動的範圍愈廣，則愈需要特殊的才能。要想達到學者們所認為的一般標準，則需要熱心、冷靜、天然的勇氣、偉大的雄心，和久已習於危險的經驗。

戰爭中有許多事物都是無常規可循，其中以體力的發揮是特別值得注意。假使沒有浪費，則它是所有一切力量的係數，而且無人知道它可以發揮到何種程度。不過值得注意的是正像一名弓弩手必須要有強大的臂力始能把弓拉開到最大的限度，所以在戰爭中也只有憑藉一種偉大的指導精神，然後才能把部隊的潛力充分發揮出來。假使一支軍隊，由於巨大不幸的原因，為危險所包圍，就好像被推倒的牆開始崩潰一樣，此時只有拚命的把體力用到最高限度才有安全脫險的機會，這是一件事；而一支獲勝的軍隊，在得意揚揚之餘，受到其主將意志的指導，不辭勞苦捨命窮追又是一件事。雖為同樣的努力，前者只會使我們感到可憐，而後者卻足以使我們感到敬佩，因為在獲勝之後要部隊再繼續不辭勞苦的遠較困難。

我們在此討論肉體的勞苦（努力），主要是因為它也像危險一樣，是屬於摩擦的主要原因，而且又是因為它的不定量使其像一個彈性物體，其摩擦是以難於計算著名。

為了阻止這些考慮的誤用，即引述這些事情以來誇張戰爭的困難，自然在我們感覺中給與我們的判斷以一種指導。正好像一個人在受到侮辱和虧待時，他並不能以他體格上的缺陷來作為不抵抗的藉口，反之如果他能抗拒攻擊，或作充分的報復，則此種缺陷之存在即更足以作為誇耀的理由，所以任何指揮官都不可以訴說危險、困難、勞苦等等以來作為可恥失敗的掩飾，但是凡此種種卻適足以增大勝利的光榮。所以我們的感情（那也不過是一種較高種類的判斷）禁止我們對於我們判斷所傾向的事情作似乎是主持公道的行動。

（摘自第一篇，第六章）

三、戰爭中的情報

此處所用「情報」（information）一辭，是代表我們對於敵人和敵國所具有的一切知識；所以，事實上，即為我們一切理想和行動的基礎。我們只要考慮此種基礎的性質，其可靠性的缺乏，其本身的變化無窮，於是立即就會感覺到戰爭是一座如何危險的建築物，它是如何容易倒塌而把我們埋在其廢墟之中。

在戰爭中所獲得的情報，一部分是矛盾的，甚至於還有更多是虛偽的；而極大多數都是不確實的。一位軍官必須要有某種辨別力，那是僅憑對於人和事的知識以及良好的判斷才能獲致。或然率的法則也應為他的指導。即令在最初的計畫中（那是可以在戰爭實際領域之外的辦公室內來擬定的）這已經是一種不小的困難，而在已經進入戰爭時，情報就更會接踵而來使困難迅速增大；假使這些情報在彼此矛盾中顯示出某種或然率的平衡，而使它們本身要求一種精密的推敲，則是一大幸事。對於無經驗的人而言，如果沒有這種情形發生，則結果可能更壞，每當一件情報接著一件情報彼此互相支持，互相證實，互相擴大時，於是構成了一種似乎頗為完整的畫面，於是在匆忙之中，也就迫使我們必須作下一個決定，那知道不久即發現所有一切的情報都是謊言、誇張，和錯誤，而此項決定也就變成了一種愚行。簡言之，大多數情報都是虛偽的，而人類的懦怯天性也就做了謊言和不真實的放大器。一般說來，每個人都有相信壞消息過於好消息的傾向。每個人也都有對壞消息作某種程度擴大的趨勢，雖然壞消息也像海浪一樣，在傳播的過程中會自動平息，但它們又正像海浪一樣，又會並無任何顯著的理由而又自動再度升高。指揮官必須信賴任其自己的判斷，並且像一座磐石般屹立在驚濤駭浪之中。這種任務並不容易；假使他不是天性冷靜，或受過戰爭經驗的訓練，和具有成熟的判斷，則他也就不可能堅持其自己的信念，容易傾向於恐懼而不傾向於希望。這種作正確研判的困難，實為戰爭中的最大摩擦來源，而使許多事物顯得與所其待的完全不同。感覺的印象是強於有條理的思考，指揮官在開始執行其任務時，必須首先克服其內心中的疑慮。所以凡是聽信他人意見的常人，在這種位置上通常都是猶疑不決；他們會發現環境與其所期待者不同，而當他們再度向他人意見讓步時，這種觀點也就更顯得有力。但即令自己做計畫的人，當他用自己眼睛看局勢時，也常常會感覺到他自己似乎是做錯了。堅定的自信應使他禁得起現場壓力的考驗；等到命運之神在戰爭舞臺上把布景拉開，現出真相時，然後才終於證明了他的信念不錯。這也正是在**理想與執行**之間的一條鴻溝。

（摘自第一篇，第七及第八兩章）

四、戰爭中的摩擦

當我們對於戰爭沒有親身的經驗時，我們很難想像那些困難之所在，以及將領所需要的天才和特殊心智能力的真正作用。所有一切似乎是如此簡單，所有一切必要的知識似乎都是如此明白，所有一切的組合都是如此不重要，若與它們相比較，則高等數學的最容易問題，給與我們的印象都會是一種確實的科學尊嚴。但假使我們曾經親眼看過戰爭，則所有一切又完全不同。……

在戰爭中一切事情都很簡單，但最簡單的事情也最困難。這些困難累積而產生一種摩擦，凡是不曾看見過戰爭的人是不可能對其作正確的想像。……受到無數小型意外事件的影響，那是在紙面上很難加以適當的描述，於是事與願違，而使我們經常達不到意圖中的目標！

摩擦是區分現實戰爭與紙面戰爭的唯一觀念。軍事機器（軍隊以及屬於它的一切事物）根本上是非常簡單，而且也似乎很容易管理。但讓我們再想一想，其所有各部分都不是一個整體，而是由許多個人所組成，每個人都各有其自己的摩擦並指向各種不同的方向。在理論上一切似乎都很好：一位營長負責執行上級所給與的命令，而紀律也使這個營凝結成為一個整體，而營長也是公認為稱職的人，所有一切都進行順利而似乎殊少摩擦。但事實上卻並不完全如此，上述這些想法不是誇張就是虛偽。這個營是由許多人所組成，假使機會願意如此，則即令是最不重要的人員也都可以造成遲誤甚或過失。戰爭所帶來的危險，以及其所要求的體力辛勞，都足以增強這種摩擦，而它們也可能應算是摩擦的最大原因。

此種巨大的摩擦，並不像在真正的機器中，是集中在少數幾點上，在任何與機會接觸的地方都可以產生摩擦，而這些意外事件發生的地點都是無法計算的，其主要的根源即為機會。天氣即可以作為此種機會的例證。譬如說霧可以使我們無法適時發現敵人，使砲兵無法在適當的時機發射，使一項報告無法適時的達到主將手中；雨也足以阻止一個營適時到達目的地，因為其行軍時間可能會由三小時增到八小時。

戰爭中的活動是一種在有抵抗力的介質中的運動。正好像一個浸在水裡的人，要想作最自然和最簡單的運動（例如行走）都會非常困難。所以在戰爭中，假使只有平凡的力量，則連平凡的表現都很難於達到。所以，為什麼自己從來不曾下過水的理論家是無法從其經驗中獲致任何結論，即令有結論也是不切實際的，甚或是荒謬的，因為他們只能教授每個人所知道的事實——如何行走，而不是在水中行走。

此種對於摩擦的知識也就是一位良將所需要的戰爭經驗中之主要部分。不過他若是過分重視摩擦，或為摩擦所懾服，則他又還不能算是最佳的將才（此中包括過分緊張的將領在內，他們又常常是頗有經驗的）；一位將軍必須認清，如有可能，他是應盡量設法克服摩擦，但對於結果他卻不可以希望過奢，因為摩擦的本身將足以使任何行動都達不到理想！

然則是否有任何種類的潤滑油可以減低此種摩擦呢？只有一種，而這一種又並非指揮官或其部隊所能經常如願獲致的：那就是部隊對於戰爭的「習慣」（habituation）。

習慣使身體能夠忍受巨大的勞苦，使心靈能夠適應重大的危險，使判斷不至於受到眼前印象的影響。有了此種習慣，才可以使全軍上下，從師長以至於士兵，都可以對戰爭獲得謹慎周詳的準備，於是也就可以使主將工作變得較為方便。

正好像人的眼睛在黑暗中會放大其瞳孔一樣，於是本來看不見的東西逐漸就會變得看得見了。有經驗的軍人在戰爭中就能夠明察秋毫，而沒有經驗的新手卻只能暗中摸索。

任何將軍都無法使其部隊立即對於戰爭養成習慣，而平時的演習對於戰爭只能提供一種非常有限的經驗。不過與戰爭的真實經驗比較固然差得太遠，但比起其他只限於機械化制式訓練的軍隊，則又還是略勝一籌。所以在平時的演習中若能將這些摩擦的成因包括在計畫之內，則可以培養參加演習各級幹部的判斷、謹慎，甚或決心。這些因素的重要性是對於戰爭缺乏經驗的人所難於相信的。任何軍人，不分官階的大小，如果在平時對於這些摩擦就已有少許的經驗和認識，則在戰爭中首次遭遇此種情形，也就不會感到驚慌和困惑——這是非常重要的。甚至於對於身體的疲勞也是如此。他們必須經常慣於勞苦的生活，否則就會發生心有餘而力不足的現象。在戰爭中，青年軍人經常誤以為特殊的疲勞是整個戰爭指導上發生錯誤的後果，於是也就會感到痛苦和沮喪。若是在平時演習中即已有過這樣的準備，則這樣的情形也就不會發生。

……一個國家若長期處在和平狀況之下，也就應該經常派遣其軍官到不同的國外戰場上去觀戰，這樣也就可以使他們對於戰爭獲得一點實際的教訓。

第三章 戰爭的理論

一、戰爭藝術的分類

（摘自第二篇，第一章）

戰爭的本義即為戰鬥，因為在所謂戰爭的廣泛意識內所包括的諸多活動中，只有戰鬥才是唯一發生效力的根源。但戰鬥又是精神力量與物質力量的考驗，而以後者為其手段。至於精神因素之不可或缺也極為顯然，因為心靈的條件對於武力在戰爭中的使用經常具有最大決定性的影響。

戰鬥的需要很迅速的引導人類走向特殊的發明，並盡量予以利用；因此戰鬥的方式也就隨之而發生巨大改變。但不管它是怎樣進行，其基本觀念還是不變，而戰鬥仍為戰爭的主體。

發明是從個別戰鬥員所用的兵器和裝備開始。這些東西都是要在戰爭開始之前先行準備，並且先學會如何使用它們。它們的製造必須適合戰鬥的性質，所以也就受到此種性質的管制。

戰鬥決定一切有關兵器和裝備的事物，而這些事物又反轉過來限制戰鬥的方式；所以二者之間是存在著一種交相為用的相互關係。

儘管如此，戰鬥的本身仍然還是一種完全特殊的活動，尤其是因為它是在一種完全特殊的要素中行動，即為危險的要素。

所以戰爭的藝術，就其本義而言，即為在戰鬥中使用某些指定工具的藝術，除了「戰爭指導」（conduct of war）以外即更無較好的名稱。在另一方面，就廣義而言，一切與戰爭有關的活動也都屬於戰爭藝術的範圍，所以一切有關建軍的工作，例如徵召、裝備，和訓練等都包括在內。

所以，戰爭指導也就是戰鬥的形式和指導。假使此種戰鬥是一個單獨的行動，則自無任何更進一步分類之必要，但戰鬥卻是由若干單獨行動所構成，各自成一完整單位，我們稱之為「戰鬥」（combat）。（譯者註：「fighting」與「combat」在中文中都只能譯為「戰鬥」。事實上，這兩個字的意義也極難區別，而且經常混用，不過前者是一般性的用語，而後者則已成為正式的軍語。）由此也就產生了兩種完全不同的活動，即：（一）為這些單獨戰鬥本身的**形成和指導**（formation and conduct）；（二）為根據戰爭的最後目的，對於它們之間所作成的**組合**（combination）。前者稱為戰術（tactics），後者稱為戰略（strategy）。

戰術為在戰鬥中使用軍事力量的理論。

戰略為使用戰鬥以達戰爭目的的理論。

我們的分類是只達到包括**軍事力量的使用**。但在戰爭中又還有一些其他的活動，它們雖然是附屬於戰爭，卻與戰爭完全不同，有時關係很密切，有時則關係比較疏遠。所有這些活動都是與**軍事力量的維持**有關。正好像軍事力量的創建和訓練是在其使用之前一樣，所以其維持也經常是一種必要的條件。但嚴格說來，所有一切與軍事力量有關的活動往往都只能算是對戰鬥的準備，它們最多不過是非常接近那個行動的一切活動而已，它們是貫穿整個戰爭行動，在重要性上是與兵力的使用互相伯仲。但我們有權將它們，以及其他一切準備活動，劃出狹義的戰爭藝術範圍之外，那也就是所謂戰爭指導；假使我們遵守一切理論的第一原則，即消除一切混雜因素，則也就應該採取如此的作法。又有誰會把全套的補給和行政工作包括在真正的戰爭指導中呢？雖然這種工作是顯然與部隊的使用經常發生相互作用，但就本質而言卻是完全不同。

在戰鬥之外的活動是有各種不同的內容；其中有一方面仍從屬於一般性戰鬥（fighting）本身範圍之內，即為**行軍**（marches）、**露營**（camps）、**舍營**（cantonments）等。其他的方面則僅屬於維持的範圍，即為**給養**（subsistence）**、醫療、兵器裝備的補充和修護**等。

行軍與部隊的使用幾乎是完全一致。在「**戰鬥**」中的行軍行動，通常稱為「運動」（manoeuvring），誠然它不一定要包括兵器的使用在內，但是它與後者是如此完全和必要的結合在一起，所以也就構成了我們所謂戰鬥的一個完整部分。但在戰鬥範圍之外的行軍就不過只是一種戰略措施的執行。戰略計畫就是要決定會戰的**時間**和**地點**以及使用**何種兵力**——至於如何執行此種計畫則行軍即為唯一的手段。

所以在戰鬥範圍之外的行軍為戰略的工具，但卻並不因為這個原因而就完全屬於戰略的範圍，因為當軍隊在行軍時隨時都有發生戰鬥的可能，所以其執行是同時受到戰術和戰略兩套規律的控制。假使我們指定某一縱隊所採取的行軍路線是某河道或某山脈的特殊某一邊，則那就是一種戰略措施，因為其含意即為如果在行軍途中必須戰鬥時，將寧願在山脈或河川的這一邊而不在那一邊進行的意圖在內。

但假使一支縱隊，不採取通過谷地的道路，而沿著高地的平行山脊走，又或為了方便起見，把本身分成幾支縱隊，則這些都只能算是戰術安排，因為它們與我們在期待的戰鬥中對部隊將如何使用的考慮具有密切關係。

行軍的特殊序列是經常與對戰鬥的準備有關，所以其性質是戰術的，因為它不過是對於可能發生的會戰作一種預先的部署而已。

雖然行軍可以絕對算是戰鬥的一個完整部分，但在其中仍有某些關係並不屬於戰鬥，所以也就既非戰術的又非戰略的。所有一切有關便利部隊行軍的安排，如橋梁、道路等的修建，都是屬於此種範圍。這些安排只是一種條件，……其本身經常是額外的活動，所以它們的理論也不構成戰爭指導理論的一部分。

露營的意義即為部隊在保持戰鬥序列時的集中部署，那是與舍營不同，後者是保持一種休息和恢復的狀態。但露營同時對於在選定地點的會戰也是一種戰略部署；因為在露營的安排中也就包括所採取的基本戰線在內，而一切防禦戰也就是以這種部署為起點，所以它們對於戰略和戰術都同為必要部分。

舍營能比露營使部隊獲得較好的休養。所以它們也像露營一樣，在位置和範圍上是屬於戰略的領域，而在內在組織方面，由於必須注意戰鬥的準備，所以又是屬於戰術的領域。

露營和舍營，除了恢復部隊的體力以外，毫無疑問通常又還可能兼有其他的目的，例如掩護某一地區，或據守某一陣地，但也很可能僅有第一種目的。我們應提醒讀者，戰略可能會追求多種不同的目的，因為任何似乎有利的事物都可能成為戰鬥的目的，而戰爭工具的維持，其本身也必然時常變成某一特殊戰略組合的目的。

假使在營地對部隊的維持要求不使用武裝兵力的活動，例如營地和帳幕的建立，在營區中的給養和衛生勤務等，那些都是既不屬於戰略又不屬於戰術。

在僅屬於維持武裝部隊的項目中（因為其中沒有一部分是與戰鬥直接有關），部隊本身的給養是應名列第一，因為那是幾乎每天都需要，每人都需要。所以它與戰略部分的軍事行動是密切相關。為什麼說僅為戰略部分，因為在會戰中部隊的給養是很少能對計畫的改變產生影響作用。因此，部隊的給養主要是與戰略發生相互作用，這是非常普遍的，對於一個戰役和戰爭的戰略往往是會以補給為其著眼。但無論此種補給的觀點是如何的常見和重要，部隊的給養究竟又與部隊的使用，是完全不同的活動，前者是只能憑藉其結果以來影響後者。

其他的行政活動則與部隊的使用距離更遠，傷患的醫護雖然對於部隊的福利是至關重要，但其直接影響所及卻僅為組成部隊的一小部分人員，所以對於其餘（大部分）人員的使用只會具有微弱和間接的影響。兵器和裝備的補充，除了部隊內部的一部分連續活動以外，都只是周期性的工作，所以很少影響戰略計畫。

不過，我們在這裡必須防止自己犯一種錯誤。在某些情況中，這些因素也可能會真正具有決定性。醫院和彈藥庫的距離即可能很容易被設想為一種非常重要的戰略決定的唯一原因；不過我們在這裡所關心的不是具體情況中的特殊事實，而是抽象的理論。

假使我們已經明白了解上述分析的結果，則屬於戰爭的一切活動也就會自動分為兩大類：一類為**「戰爭的準備」**，而另一類則為**「戰爭的本身」**。所以在理論中也應有這樣的分類。

在戰爭準備方面的知識及技巧，所關心的是與戰鬥兵力的創建、訓練和維持有關的事項；不管應給與它們以何種概括名稱，但我們卻都不曾進入各種不同武裝部隊的全部組織和行政領域，但我們卻可以看出所謂砲兵、築城、基本戰術等所有這一類的事物是應包括在內。但戰爭理論本身所關心的卻是如何使用這些已經準備的工具來達到戰爭的目的。其對於前者的需要僅為其結果，也就是對於可供使用工具基本性質的知識。那也就是我們所謂的「戰爭藝術」，又或稱之為「戰爭指導理論」，或「武裝部隊使用理論」的狹義解釋——凡此種種對於我們的目的而言，它們都意味著同一事物。

此種較狹義的理論是把戰鬥視為真正的鬥爭，而行軍、宿營、舍營等則多少帶有戰鬥性質。

部隊的給養僅在其結果方面被視為另一種設定因素，而不被認為是屬於戰鬥的活動。

此種狹義的戰爭藝術本身又再分為戰術和戰略。前者所關心的為個別戰鬥的形式，後者所關心的則為戰鬥的運用。二者都是僅只透過戰鬥而與行軍、宿營、舍營等環境發生關係，而這些環境是戰術性的還是戰略性的，又應依照其與會戰的形式和意義之關係而定。

毫無疑問，將有許多讀者認為像戰術和戰略這兩種關係極為密切的事物，要在其間作嚴格的分類，實在是一種表面文章，因為那是對戰爭指導本身並無直接貢獻。誠然，只有第一等的腐儒才會期待理論性的區分會在戰場上顯示直接結果。

但一切理論的第一要務即為澄清混雜在一起的觀念和理想，我們甚至於也可以說是糾纏和混亂；而僅當對於名詞和觀念，建立了一種適當的了解之後，始能希望獲得明確和順利的進步，並確使作者與讀者經常能保持同一觀點。

（摘自第二篇，第二章）

二、戰爭的理論

過去，「戰爭藝術」或「戰爭科學」等名詞的意義即為以物質為主體的一切知識及技能的總和，……它們與戰爭本身的關係就正像鑄劍術與擊劍術之間的關係一樣。……

在攻城（sieges）技術中，我們首次察覺某種程度的戰鬥指導，那多少是心智力量對於在其控制下的物質力量之作用，但通常又很快再度轉變成為新的物質形式，例如交通壕、塹壕、抗交通壕、砲臺等。……

嗣後戰術才嘗試以其工具（即武裝部隊）的特殊性質為基礎，以在各種互有關聯的相應措施上，賦與一般性的部署，而運用於戰場中，但尚未完全導致心靈的自由活動，而導致由硬性隊形和戰鬥序列所造成的一種像機器人一樣的軍隊，那是只有在口令之下才能行動，那些隊形和戰鬥序列的意圖就是要使軍隊的活動是像鐘錶樣的刻板。

所以，所戰爭的指導——適應每種個別情況，對指定工具的自由運用——並不被認為是一種可以適合於理論研究的主題，而只是應該完全委之天生的才能。……

由於對戰爭的思索繼續不斷增加，而其歷史也日益獲得較多重要性，於是也就迫切需要建立若干固定的原則和規律，以便在戰爭中發生爭論時，意見多少可以歸於一致。……

所以，這樣也就產生了對戰爭指導建立原則、規律，甚至於體系的努力。

理論作家很快就感覺到這種問題的困難，於是也就會自以為如果把他們的原則和體系只用在物質性事物和單方面的活動上，則可能擺脫此種困難。像在「戰爭準備」中的各種科學一樣，他們的目的是想要達到完全確實和確定的結果，所以也就只把可以計算的事物列入考慮之中。

從所有一切產出勝利的必要因素中，數量優勢（superiority in numbers）是首被選中，因為透過時間和空間的結合，那是可以使其接受數學法則的支配。一般的想法是假定所有其他環境對於雙方是平等的，所以也就會互相中和，於是也就可以對它們不加以考慮。假使只是為了對此一因素獲致基本知識而採取如此的看法，倒也未可厚非；**但若認為數量優勢即為唯一法則，並認為下列公式即已包括戰爭藝術的全部祕密，即在某一時間，某一點，集中優勢兵力——則將為一種不合現實的狹隘觀念。**

有一位天真的作家嘗試把思想集中在一個單獨的觀念上（編按：此位作家，當指與約米尼及克勞塞維茨同時的比羅），那就是「基地」（base）的觀念，那包括一整套的事物，甚至若干非物質性力量的各種關係也都包括在內。這些項目包括部隊的給養，使他們保持足額的編制和裝備，與本國之間的交通安全，最後，還有必要時的安全退路。他首先主張把基地的觀念代替上述所有這一切的事物；然後再用其面積大小來代替基地本身；最後，再用軍隊與其基地之間的角度來代替一切。所有這一切的作法都不過只是為了獲致一種毫無用處的純粹幾何結果而已。……基地觀念對於戰略本為真正的必須，此種設想亦屬功不可沒；但若如此使用則完全不合，只會導致似是而非的結論，迫使那些理論家走向違反常識的方向，即相信包圍形式的攻擊具有決定性的效力。

作為是對抗此種虛偽觀念的一種反作用，於是另一種幾何原則，即所謂「內線」（interiorlines）的觀念，也就被升到了最高地位。雖然這種原則是建立在一種合理的基礎上，即認為戰鬥為戰爭中唯一有效手段的真理，但由於其所具有的純粹幾何性質，所以它也仍然免不了成為一種相反的偏見，而無法掌握戰爭的真諦（編按：此當指約米尼而言）。

所以這些建立理論的企圖，僅有在其分析的部分，才勉強可以算是在真理領域中的進步，但在其綜合部分，即在其教訓和規律方面，它們是毫無用處。

它們只是追求定量，但在戰爭中一切都是不確定的，而計算往往都是要用變量來作成。他們只知注意物質力量，而整個軍事行動卻是為心靈力量及其效果所貫穿的。他們僅考慮到一方面的活動，而戰爭卻是以相互行動為常態，其效果都是相互的。

凡此種種都是此種可憐的哲學所不能達到的，此種哲學是發源於偏見，並位置在科學範圍之外——戰爭是天才的領域，那是**不受規律的限制**。

當觸及精神因素領域時，所有理論也就變得遠較困難。……在戰爭中的活動是從來不會僅只指向物質方面，它同時也經常指向給與此種物質以生命的心靈力量，而且要把此兩種形式分開根本上是不可能。

每個人都知道奇襲和從側面或後面攻擊的精神效力。當敵人轉過身來撤退時，每個人對於他（即撤退中的敵人）的勇氣也就比較不重視，所以追擊者往往比被追擊者敢於冒險。每個人都從敵將的名望、年齡，和經驗以來作判斷，並決定自己所應採取的路線。臨陣之前，每個人對於敵我雙方部隊的精神和感情都會給與以仔細的觀察。所有這些在人類精神領域中的效果都是已獲經驗的證明，並且反覆地出現，所以應視之為一種真實的因素。任何理論如果不將它們包括在內，則對我們也就殊少裨益。

為了明瞭包括在戰爭指導理論中的一切困難，並企圖演繹出此種理論的必要特性，我們對於構成戰爭活動性質的主要特點必須加以比較嚴密的檢討。這些特點中的第一個就是精神力量及其效果。

戰鬥，就其本質而言，即為敵對感情的表現，但在我們稱之為「戰爭」的巨大戰鬥中，敵對感情又往往自動變成一種敵對觀念（或意圖），即個人與個人之間已經不再有敵對感情之存在。儘管如此，戰鬥還是不會爐火純青而毫無感情。民族的仇恨在我們的戰爭中是很少感到缺乏的，此即為一種個人對個人間私仇的代替物。即令這種仇恨也不存在，而最初雙方幾乎是毫無惡感，但戰鬥本身又還是能夠激發敵對的感情；因為任何人在奉行其長官的命令而對我們執行暴力行動時，必然會刺激我們想要對他採取報復的行動，而不會原諒他是奉命行事，這是人性，甚至於也可以說是獸性。理論家們慣於認為戰鬥是一種抽象的實力考驗，而絲毫不牽涉感情，這也是理論家所犯千種錯誤中之一種，因為他們不曾認清其後果。

除了戰鬥本身所自然刺激的感情以外，也還有其他不屬於戰鬥本身的感情因素，但由於某種關聯的存在，卻很容易與戰鬥結合在一起——即雄心、對權力的愛好、各種的熱情衝動等等。

最後，戰鬥是與危險因素不可分的，因為所有一切戰爭活動都是在其中進行，正好像魚之於水和鳥之於空氣。但危險所造成的各種效果，都直接地——即本能地，或透過理智的媒介而影響到感情。在前者的情況中，其效果是一種想避免危險的意願，如果做不到的話，結果即為畏懼和焦急。假使不發生這樣的效果，那就是因為勇氣克服了那種本能。但勇氣又並非理智的行動，而也和恐懼一樣是一種感情，不過後者所希望保全的是肉體，而勇氣所想要保全的卻是精神。所以，勇氣是一種高尚的本能。正因為如此，它也就不能容許其本身被用作一種無生命的工具，而只有那種工具才能照預定的分量產生精確的效果。所以勇氣不僅為危險的剋星，足以中和其作用，而且還有其本身的特殊價值。

但要想正確估計危險對於戰爭中主角的影響，我們又不應僅只限於當前肉體危險的領域。它籠罩在行動者的頭上，不僅威脅他本人，而且還威脅一切他所統帥的部屬；不僅只是限於目前的實際現實，而且還更透過想像力以達到所有其他一切與現在有關聯的時間；最後，又不僅直接由它本身，而且更間接經由責任感而使其在主角的心靈上產生十倍的重量。……我們可以說，戰爭中的行動，只是要真正的行動，則絕不會超出危險的範圍之外。

除了此種專屬於戰爭的敵意和危險以外，在人生的途徑上又還有許多其他因素也能刺激感情，……妒嫉與寬容，驕傲與謙恭，凶猛與溫柔，凡此種種在此種偉大的戰爭戲劇中也似乎都是積極的動力。

在戰爭中的第二大特點就是生動的反應，和因此而產生的互動作用，彼此生生不已，由於這種相互作用的本質，也就注定將使此種「反應」成為不可預測的事實。我們若想預測敵人對我方行動的反應，則必須知道所有與敵人的反應有關——甚至每一個「個人」——的細節；但任何理論必須以各類多數的現象為其對象，而永遠不可能顧及真正的個別情況：那是無論在何處都必須委之於判斷和天才。所以很自然的在一個像戰爭這樣的事務中，其根據一般環境所作成的計畫，是往往會受到意外和特殊事件所破壞，因此通常都是要多依賴應變之才，而理論性的指導則用處頗少。

最後，在戰爭中一切情報資料的巨大不確實性也是一種特殊的困難，因為就某種程度而言，所有一切行動的計畫都是在一種微明或黃昏的光線下作成的，它們也像霧幕或月光，時常會給與事物以誇大的體型和不自然的印象。

智力必須發現此種微光使視覺所看不清楚的東西。換言之，又是當缺乏客觀知識時，所必須依賴的還是個人的才智。當應付這一類的事物時，我們只能認為根本上不可能為戰爭藝術建立一套理論，好像建築用的鷹架一樣，好讓指揮官在任何時候都可以依賴它的支持。事實上，他會發現這些理論都無用處，而只有依賴其自己的才能，所以這也就是說智力與天才的行動是超過了法則，而理論則與現實相違。

有兩種途徑自動出現以解脫此種困難。第一點，我們對於軍事行動性質的一般觀察，並非對於所有一切的人員，不分階級地位，都能同樣適用。在較低的階層，……理解和判斷所遭遇的困難是遠較稀少；其所遭遇的戰場是遠較有限；其目的與手段在數量上也都較少；情報資料是比較明確，同時大多數也都實際可見。但階級愈高則困難也就愈多，直到總司令的階層其困難也就達到了最高峰，所以他幾乎一切都必須委之於天才。

此外，……困難也並非在所有一切的地方都是一樣，當結果愈在物質世界中表現時，則困難愈小，反而當它們進入精神領域中，並變成影響意志的動機時，則困難愈多。所以，憑藉理論性的規律，是比較易於決定戰鬥序列及其指導，但很難於決定對會戰本身的使用。……在會戰所生的效力中，我們所要注意的僅為精神性質。換言之，是易於替戰術而難於替戰略作成理論。

對於理論的可能性，第二種出路在於下述的觀點，即它不一定需要是一種行動的指導（或範本）。假使一種活動是以一再應付同樣的事物為主——有同樣的目的和同樣的手段，儘管還是可能有少許的變化或不同的組合——像這一類的活動是能夠變成合理思考的研究對象。但此種研究正是任何理論的最重要部分，……那是一種導致正確知識的分析研究；而如果它能對經驗的結果產生作用，……則也就可以使人對於主題獲得徹底的熟習。……假使理論研究的就是那些構成戰爭的主題，假使它能把第一眼看來似乎是亂雜無章的東西作較明確的辨別；假使它對於手段的性質能作較充分的解釋；假使它能指明其可能的效果；假使它能闡明目的的性質；假使它能使必要的精密研究效力普及整個戰爭領域——則它也就已經達成了在其領域中的主要職責。**於是對於那些想從書本上了解戰爭的人也就會變成一種領導；它替他照明了全部的道路，便利他前進，教**

育他判斷，並使他得免於錯誤。

基於此種觀點，對於戰爭指導也就有了建立一種滿意的和有用的理論之可能，那是永遠不會與現實衝突。那是僅憑合理的處理始能使其與行動調和，這樣也就能使理論與實際之間不再有荒謬的差異，那是不合理的理論，在違反常識時，所經常產生的。……

我們對於戰爭指導是分為兩大類，即戰術和戰略。誠如上文中所已經分析的，毫無疑問後者的理論含有最大的困難。……

所以，理論在戰略中要比在戰術中會較早的停止在事物的簡單考慮上，並以協助指揮官了解這些事物為滿足，那是可以使他的前途變得較容易和較確實，但卻從不強迫他為了服從一種所謂「客觀」的真理而違反自己的本意。

第四章

戰略

一、若干一般觀念

（摘自第三篇，第一章）

本書對於戰略所下的定義是：「**使用會戰來作為達到戰爭目的的手段。**」嚴格說來，它所注意者應即為會戰而已，但其理論必須把這種真實活動的工具——即武裝部隊——包括在其考慮之內，因為會戰是要用部隊來打的，而會戰也將其效力顯示在部隊之上。……

戰略為使用會戰以求達到戰爭的目的，所以它必須對全部軍事行動給與以目的，而那又必須與戰爭目的相符合；換言之，戰略形成戰爭的計畫，而為了這個目的，它也就把導致最後決定的一系列行動連接成為一體，那也就是說，它對於個別戰役制定計畫並節制在每個戰役中的戰鬥。因為所有這些事情大致都只能根據臆度來決定，所以其中有某些部分是將被發現為不正確的，此外還有某些有關細節的安排是不能事先作成的。因此，當然的，戰略必須隨著軍隊一同進入戰場以便在現場安排這些細節，並配合戰爭的需要以對全盤計畫作必要的修正。

不過，此種觀念卻並不為人所經常採取。……舊有的習慣是把戰略保存在內閣（政府）中而並不隨著軍隊行動，除非內閣與軍隊是如此的接近使其能直接充任軍隊的最高統帥部時，這種情形始可聽其存在。

所以理論只注意到戰略如何決定其計畫，……一位將軍正確的知道如何依照其目的和手段以來指導戰爭，凡是能做得恰如其分者，則也就足以充分證明其天才。但是最足以表現此種才智的效果者不是新行動模式的發明，儘管那可能立即造成強烈印象，而是成功的全部最後結果。這種天才最令人敬佩者，在於他的所有假定，均能切合實際，和整個行動的無聲和諧，而這只有在總結果中才能顯示出來。

研究者如果不知道從全部行動的協調中，去尋找最後成功的原因，則他也就是在不可能找到天才的地方去尋找天才。

假使把所有一切精神力量都排除到理論之外，而將理論的全部都限制在平衡和優勢，時間和空間，以及幾條線和幾個角之間的少數數學關係上，……則實屬荒謬。

但讓我們承認：在這裡並無有關科學的公式和問題，一切的物質因素都非常簡單，但對於精神因素的了解則遠較困難。即令如此，也只有在戰略的最高分支（編按：應為「領域」）中才會注意到精神的錯綜性以及數量和關係間的極端多樣性。僅在那一點上，戰略才與政治科學交界，又或者可以說是二者合而為一，而在那裡……它們的影響所及是以決定行動的分量為主而不是執行的方式。當後者成為主要問題時，例如戰爭中大大小小的單獨行動，則精神分量是早已被減成一個非常渺小的數字。

所以，在戰略中所有的東西都是非常簡單，但卻並不因此就變得非常容易。一旦從國家之間的關係上決定了用戰爭所應該和可能做的一切事情之後，於是行動的方式也就會很容易找到；但要想堅持此種路線不變，在執行計畫時能不受無數外來因素的影響而改變初衷，則除了偉大的性格力量以外，還需要最明晰和穩定的心靈。也許在一千位或以心靈、或以智慧、或以果敢、或以堅毅著名的人物當中，很難找到一個人能夠身兼名將所需要的一切素質。

說起來似乎很奇怪，但凡在這一方面對戰爭有了解的人都知道下述事實是絕無可疑之餘地：即在戰略中要想作成一項重要決定，其所需要的意志力是遠比在戰術中所需要者較大。在後者的情形中，我們是在匆忙應變。指揮官感覺到他自己是陷在一道強勁的潮流之內，必須拚命始能脫險，所以他抑制正在升高的恐懼心理，而勇敢的冒險前進。在戰略方面，一切都是以較緩慢的速度進行，所以有較多的時間來供我們自己和他人作考慮，於是也就會有爭論和失悔，而且在戰略中我們能親眼看見的事情也許還不及戰術的一半，但所有一切都必須加以猜度和假定，因此所產生的信心也就自然不會那樣強烈。結果是大多數將領在本應行動時卻會感到孤疑不決。

（摘自第三篇，第三及第四兩章）

二、精神力量

精神力量是戰爭中最重要的主題之一。它們構成使整個戰爭中具有生氣的主力。此種力量再與意志融合在一起就能成為推動和指導全民的力量。但所不幸的是精神力量既不能計數又不能分類，但卻可以看見和感覺。

足以刺激一支軍隊、一位將領，或政府及輿論的精神因素，以及一次勝利或一次失敗的精神效果，其本身的性質是具有很大的區別，而其所發揮的影響也各有不同的方式。

雖然書上對於這些事情是很少說到甚或完全不曾提到，但它們卻正像其他構成戰爭的一切事物一樣，仍應屬於戰爭藝術的理論範圍。……在每一條有關物質力量的規律中，理論都必須同時說明精神力量在其中的作用，儘管那是難於作明確的分類。甚至於最事實的理論，也還是會不自知的闖入此種精神領域，舉例來說，若不考慮精神印象，則一個勝利的效果即可能無法解釋。所以在本書中所將討論的主題，大部分將是一半為物質的，一半為精神的因果關係，而我們更可以說物質幾乎不過是一個木柄，而精神才是利刃。

主要的精神力量為**指揮官的才智；軍隊的武德；及其民族精神**。至於其中何者最為重要，則頗難作一種概括的論斷，因為對於它們的力量本已很難作概括的衡量，而尤其是更難於作彼此之間的心較。所以最佳的計畫是絕不低估任何因素……

不過，近代化的軍隊在紀律和一般能力上誠然是已經大致立於平等的地位，而戰爭指導——誠如哲學家所將要說的——自然會發展出一套為各國軍隊所普遍接受的方法，所以連指揮官也不可能期待在應用方法上有任何更進一步的絕招。所以不可否認的，只有民族精神的影響和軍隊對於戰爭的熟悉兩方面能夠提供較大的運用餘地。

一支軍隊的民族精神（熱心、狂熱、信仰、意見）在山地戰中能作最大的表現，因為在那種情況中每個人直到一般士兵為止都必須各自為戰。因此，多山的國家對於游擊兵力也是最佳的戰場。

部隊經過訓練所獲致的效率、技巧和勇氣，將部隊鑄合成一個整體，在一個平原國家中最能顯示其優點。

在一種丘陵起伏、變化多端的國家中，一位將軍也就會有發揮其才智的最佳機會。在山地中他對於隔離的部分只能作極少的指揮，而要想指揮全局則更是超越其能力之外。而在平原上則太簡單，根本上毋需此種才能。

所以一切計畫應依照這些關係來加以調節。

（摘自第三篇，第五章）

三、軍隊的武德

軍隊的武德（military virtue）與單純的勇氣有別，而對於戰爭的熱心更有較大的差異。勇氣誠然是武德的一個必要部分，但對於某些人來說，勇氣是一種天性，而對於軍人來說，則可能是來自習慣和風氣，所以軍人的勇氣與常人的勇氣是具有不同的方向。不受節制，暴虎馮河，為常人的通性，而軍人對於此種衝動卻必須加以節制，必使其本身接受一種較高級的要求，即服從、秩序、規律，和方法等。對於軍事職業的熱心可以給與軍隊武德以生氣和活力，但卻不構成其一部分。

戰爭是一種特殊事業，即令全國的男性人口，都能執干戈以衛社稷，但戰爭與人民的正常生活究竟還是截然不同。灌輸戰鬥精神，培養信心和專長，使人人在戰爭中均能克盡厥職，此即軍隊的武德在個人身上的表現。

無論下多少工夫來使軍人和公民合為一體，使戰爭全民化，但仍永遠不可能取消戰爭中的專業主義（professionalism）；而假使那是不可能的，則所有屬於此種專業主義範圍的人也就經常都會以他們是同一種基爾特（同業公會）的會員自居。在此種公會的行規、法律，和習慣中，「戰爭精神」也就獲得了它的表現。若輕視此種同行精神，又或可稱為「團隊精神」（esprit de corps），那是一大錯誤，在所有一切的軍隊中，此種精神都多少存在著。

一支軍隊在最重大的火力之下仍能維持其正常隊形不變，那是不為想像的恐懼所動搖，在面臨著真正危險時仍能寸土必爭的苦撐，對於勝利意識感到驕傲，但從不喪失其服從意識，甚至於在失敗的重大打擊之下，也不改變對其領袖們的尊敬和信仰；一支軍隊包括所有人員的體力在內，像運動員的肌肉一樣，那是經由練習而慣於接受辛苦和疲勞；一支軍隊認為一切勞苦是換取勝利的工作，所以無論如何困難都毫無怨言，經常僅憑榮譽心以來提醒自己不得玩忽職守——這樣的軍隊才算是已經充滿了真正的軍事精神（武德）。

軍人也可能不表現此種武德而一樣能英勇戰鬥和完成偉業。率領常備軍的指揮官，也可能毫無武德的幫助，而一樣能獲致成功。所以我們不能說，沒有武德則成功的戰爭是難以想像的；我們也不要以為武德即可解決一切問題。事實上絕非如此。軍隊的武德是一種特定的精神力量，有時也可能缺乏，所以其影響力是可以加以估計的——正好像任何其他權力工具一樣。

了解此種特性之後，我們始可以進一步分析其影響，並研究用什麼方法以來獲致其助力。

武德應沉潛於軍隊的各部，而將帥的天才，則應貫注於全體。將領所能指揮者僅為全盤的狀況，而不能達到每一個分別的部分，而當他指導所不及時，武德即應發揮領導作用。主將的選擇是根據其能力優異的令名，而大單位的主管也是要經過慎重的挑選，而當階級愈低時，則對於其個人能力的期待也會愈低；於是在這方面的缺陷也就應用武德來補充。一個好戰的民族所具有的天性也恰好足以扮演此種角色：即勇敢、敏捷、忍耐、熱心等。

這些天性與武德是恰好可以互相代替，由此也就可以獲致下述的結論：

（一）武德僅為常備軍的一種素質，而他們也最需要它。在民族性的抗暴戰爭中，武德的地位也就由民族天性所取而代之，在那種情況中這種天性也自動發展得較快。

（二）當常備軍對常備軍作戰時，則武德的影響較不顯著，但當常備軍對付民族性的起義（或游擊兵力）時，則武德就非常需要，因為在那種情況中，部隊是比較分散，而每個師也都要各自為戰。當軍隊可以保持集中時，則將才也就能作較大的發揮，並可以補軍隊精神之缺乏。所以一般說來，當戰場及其他環境使戰爭變得較為複雜，和使兵力較為分散時，則武德也就變得更為需要。

基於這些真理，所能獲得的唯一教訓即為：假使一支軍隊缺乏這種素質，則應竭盡一切努力以使戰爭的行動盡量簡化，又或是在軍隊組織中的某些其他方面引入雙倍的效率，而不應期待僅憑常備軍的虛名取勝。

所以，一支軍隊的武德是戰爭中最重要的精神力量之一，而當缺乏此種力量時，則它也可以用其他因素來代替，例如較優越的將道或民族熱心，否則其結果即不可能與所作的努力相稱。

軍隊的武德只可能發自兩個來源，而且還必須二者配合：第一是一連串的屢戰屢勝；第二是對軍隊的最高度訓練。僅憑此二者，軍人才能學會知道其本身的威力。一位主將愈慣於對其部隊作嚴格的要求，則他也就愈有把握能使其部隊接受其要求。軍人對於克服勞苦會感到自責，也正像對於危險的克服一樣。所以僅在不斷的活動和努力中，這種種子才會發芽，而且又還需要勝利的陽光照耀。一旦長成大樹時，它在不幸與失敗所形成的最猛烈風暴中也仍能屹立不動，而且甚至於在和平階段的懶散不活動環境之下，也都能力保其精神振作達一段時間。所以它只可能在戰爭中，並在偉大將領之下，創造出來，但一經創立，甚至於在平庸能力的將領之下，和經過相當長久的和平階段之後，也毫無疑問仍至少能維持幾代之久。

傷痕累累，身經百戰的部隊，加上此種激昂慷慨的團結精神，與常備軍的自負與虛榮是不可同日而語，後者是僅憑典範才能膠結在一起。某種勉強的熱心和嚴格的紀律也許能維持武德達一段長久時間，但卻絕不能創造它。所以這些因素雖有某種價值，但卻不應對其作過高的估計。

（摘自第三篇，第六及第七兩章）

四、果敢與堅忍

果敢（boldness）為一種高尚的衝動，有了它人類的精神才能克服最可怕的危險，應認為是一種特別屬於戰爭的積極準則。事實上，果敢在人類一切活動中的地位是再沒有比在戰爭中更高的了。

讓我們承認事實上它在戰爭中甚至還有其本身的特權。在一切對空間、時間，和數量計算的結果之上，我們必須容許果敢從對方弱點中獲致某種百分比的優勢。所以，它實際上是一種創造力。這是不難證明的，……**通常每當果敢與猶豫遭遇時，幾乎必然是前者穩操勝算，因為猶豫狀況的本身即暗示一種平衡的喪失**。僅當果敢遇到謹慎而又有遠見時——那也就是說後者在一切的場合中，都可以與果敢旗鼓相當——始會居於不利的地位；不過此種情形卻又是非常少見的。在全世界上所有一切慎重之士當中，絕大多數都是發源於懦怯。

階級愈高，則對於果敢也就愈應配合以一種具有彈性的心靈，使它不會變成一種無目標的盲目衝動。因為階級愈高，則果敢也就變得愈非一種自我犧牲的問題，而成為保全他人和全體福利的問題。雖然作為一種第二天性，眾人應受典範的約束，但思考卻應為主將的指導，而在他的情況中，個人的果敢行為，有時很可能構成過失，……在軍隊中若常自動表現出時機不適當的果敢，則未嘗不是一件好事，因為雜草叢生適可表現土壤的肥沃。即令是莽撞，也就是無目的的果敢，也都不可輕視，因為事實上它們是同一種感情力量，只不過以一種衝動的方式表現，而沒有任何智力的合作而已。僅當它打擊在服從的根本上，對於上級命令都居然加以藐視時，始應視為一種危險的毒害而必須予以抑制。那並非由於其本身，而是由於不服從行動的緣故，因為戰爭中再沒有比服從更重要的事情。

也許有人會假定，當一種容易到手的目的出現時，自然就會刺激果敢，所以也就降低了果敢的內在價值，但實際情況卻恰好相反。

明晰思想的介入，或心靈的一般優勢足以奪去感情力量威力之大部分。因此，階級愈高果敢也就愈少。……幾乎所有在歷史上被認為只是庸才的將領，也就是在握有最高指揮權時反而優柔寡斷的人，但當他們在較低的階級時，卻往往又是以果敢和決斷著稱的。

當受到形勢的壓迫而採取果斷的行動時又自不同。所謂形勢者又有各種不同的程度。假使一個人是為了逃避危險而去冒險，則我們不認為他是果敢，而只應欽佩他的決心，儘管其本身也是有價值的。假使一位青年人為了表現其騎術而跳越懸岩，那他是果敢；但他為了逃避敵人的追擊而作同樣的跳躍時，則他就只是堅決而已。……

雖然總司令或高級將領所關心的事應僅為戰略，但是全軍人員的果敢，也像其他的武德一樣，仍應加以注意。一個屬於果敢種族的軍隊，在其中果敢的精神比較易於培養，其行為與不知此種武德為何物的軍隊當然會大不相同。……

在指揮系統中所升到的地位愈高，則活動愈受心靈、理解，和洞察力的支配，於是屬於感情性的果敢也就愈受抑制，正因此我們會發現在最高位置上它是如何的稀少，而那又是如何值得羨慕。**果敢，若再受到一種高度智慧的指揮，那就是英雄的標記；這種果敢並非違反事物本性而作直接冒險，並藐視或然率的法則，而是一旦選擇作成時，即能堅持那種較高級的計算，在那種計算中，天才，也就是判斷力，是曾經以閃電的速度發揮其作用。**果敢對於心靈和洞察力所添加的翅膀愈長，則它們在飛行中所能達到的距離也就愈遠，其觀點也就愈具有綜合性，其結果也就愈正確，但這誠然經常是僅指與較大目標或較大危險有關的情況而言。……

因此，我們深信，凡是缺乏果敢的人，絕對無法成為卓越的將帥，那也就是說，若非天性具有這種精神力量則絕對不可能成為名將，所以我們也認定這是此種事業的第一必要條件。透過教育和生活環境的發展和節制，當這個人升到高位時，這種天賦的能力還能剩下多少，那是第二個問題。所留下來的這種能力愈多，則在翅膀上的天才也就愈強，而飛得也就愈高。危險也經常會變得更大，但目的也會隨之而擴大。……

不過我們仍然還要注意到一種非常重要的環境。果敢精神之所以能存在於一支軍隊之中，那或者是因為它已存在於人民之中，又或它是已從名將所指導的一次成功戰爭中產生出來。

現在在我們這個時代，除了戰爭，而且還要在勇將指導之下，此外即幾乎沒有任何其他工具可以教育人民具有此種精神。僅憑此種精神才能對抗感情的柔軟，和好逸惡勞的趨勢。**每當一個民族富庶繁榮並沉醉在極端繁忙的商業生活中之後，精神也就會日益退化**。一個國家（民族）要想在政治世界中維持強大的地位，則其在實際戰爭中的性格和實踐必須互相支援，並形成一種經常不斷的相互作用。

至於說到堅忍（perseverance）的問題，在戰爭中，要比任何其他任何領域遠出乎我們的意料之外，而且從近處看也和從遠處看是有極大的差異。……在戰爭中，指揮全軍的指揮官發現他自己是經常陷在由下述各種因素所構成的漩渦中：（一）假的和真的情報；（二）由於畏懼，由於疏忽，由於速度太快所造成的錯誤；(三)其權威的受到蔑視，其原因是錯誤或正確的動機，惡意，適當或錯誤的責任感，怠惰或疲倦；(四)任何人所不可能預知的意外事件。簡言之，他身受無數印象的侵襲，這些印象大多數都是具有威嚇作用，而只有極少數的才會具有鼓勵趨勢。憑著在戰爭中的長久經驗，始可以養成迅速判定這些印象價值的機智；而高度的勇氣和性格的穩定對於它們也就可以像岩石對抗驚濤駭浪那般。若是屈服於這些印象之下則將一事無成，所以只要尚無決定性的反對理由，則對於既定目標的堅持實為一種最需要的對策。更進一步說，在戰爭中任何值得慶祝的勝利無一不是憑藉無限的努力、痛苦，和艱辛所換得的；人性的弱點本是傾向於放棄，僅憑一種巨大的意志力，其表現也就是當前和未來人類所敬佩的堅忍精神，始可以引導我們趨向我們的目標。

(摘自第三篇，第八章及第五篇，第三章)

五、數量優勢

此乃在戰略和戰術中最普遍的勝利原則，我們必須首先對其作概括的檢討。……

戰略確定會戰的地點、時間，和所應使用的兵力數量。憑藉此三方面的決定，所以戰略對於戰鬥問題具有非常重要的影響。假使戰術已經進行，而其結果也已經完成，則無論勝負如何，戰略都必須依照戰爭的大目標來對其加以利用。……

戰略對戰鬥結果，足以產生諸多影響，而非一個單純的觀念所可以包括。由於戰略決定時間、地點和兵力，實際上它可以有多種不同的變化，於是對於戰鬥的結果以及其後果也就會以不同的方式來產生其影響。所以我們只能逐步的尋求了解，從最簡單的情形入手。

假使我們把一切對於戰鬥的限制因素都排除，最後連部隊的精神也都不予以考（因為那是一個指定的數量），於是在此種單純的戰鬥觀念中，所剩下來可以有區別的因素就僅為戰鬥員的人數，所以這個數字也就決定勝利。不過這是把所有其他的因素都除開不算，然後才獲得這樣的結論。因此也就證明了在一個會戰中，數量優勢不過是許多用來產生勝利的因素中之一個而已。由於其他環境因素常有變化，是以僅憑數量優勢還是不一定能獲致勝利。

但此種優勢又有其程度上的差異。它可以設想為兩倍、三倍，或四倍，而任何人都可以看出，如果這樣增加下去，則最後它終將壓倒所有其他一切因素。

因此，我們就可以這樣的說，僅當數量優勢大到足以抵銷所有其他因素的效力時，然後它才是決定戰鬥勝敗的最重要因素。**此種分析的直接結果即為應盡可能把最大數量用在決定點上。**

不管所用的部隊是夠還是不夠，但我們在這一方面卻必須在能力範圍之內盡量去做。此即為戰爭中的第一原則。……

在決定點上的優勢是一件首要的事情，而在一般情況中，也絕對是所有一切事情中的最重要者。在決定點上的實力是基於軍隊的絕對數量，以及運用的技巧。

所以第一條規律就是當一支兵力進入戰場時應盡可能保持其強大。這似乎是老生常談，但實際上卻並非如此。

……有一段長時間，兵力的強大並未被認為是一個主要之點……

兵力數量之所以未獲重視，其原因為有一奇想存在於許多吹毛求疵的歷史學家的腦海中，依照此種觀念，一支軍隊有某種最佳數量，那也就是一種理想的規模，假使超過了，則多餘的兵力不特無用反而還會成為累贅。

假使我們是如此深信只要有相當的數量優勢則無事不可為，於是此種信念也就自然影響到對戰爭的準備，因此也就使我們在戰場上出現的兵力會多多益善，其目的是要使我們自己獲得此種優勢，或至少是要使敵不能獲致此種優勢。

此種兵力的數量是由政府來決定；雖然戰爭真正行動是以此種決定為起點，而且它也形成戰爭戰略的一種必要部分，但在多數情況中，在戰爭中指揮此種兵力的將領仍應把他們的絕對實力視為一種給與的定量。其原因有二：或者是因為他對於決定作為並無發言權，又或者是環境阻止對其作足夠的擴張。

所以，每當不能獲致絕對優勢時，唯一的辦法即為利用我們手中已有的兵力來作巧妙的運

用，**以求在決定點產生一種相對優勢**。

為了達到這個目的，空間與時間的計算似乎是最必要的事情——而這也就使此種計算被認為幾乎已經包括了使用軍事力量的全部藝術在內。……

但是空間與時間的計算，雖然是戰略的普遍基礎，而且就某種限度而言，也是它的家常便飯，但卻既不是最困難的，也不是最具有決定性的因素。

對於敵情所作的正確研判，在短時間之內只留下少量兵力面對敵軍的大膽，在強行軍中所發揮的精力，在突然攻擊中所表現的果敢，及在面對危險時益發活躍的表現，凡此種種都是偉大勝利的基礎。僅僅對於兩種如此簡單的事物：時間和空間，作正確計算的能力，對於以上所云又能算得了什麼呢？

所謂相對優勢——即在決定點上巧妙的集中優勢兵力——通常是以下述幾種因素為其基礎，即：對於那些點的正確研判，一開始對於兵力所給與的正確方向，以及為重要利益而不惜犧牲不重要利益的決心——換言之，也就是使兵力保持一種壓倒數量的集中。

對於近代軍事史所作的無偏見檢討使人深信：**數量優勢正在日益變得具有較多的決定性**。所以盡量集中最大兵力以求決戰的原則可能應認為已具有空前所未有的重要性。

在我們這個時代中，各國軍隊在兵器、裝備，和訓練上都已大致立於平等的地位，所以這些方面，所謂最好與最壞之間已經沒有非常顯著的差異之存在。（編按：此為作者在強調「數量優勢」時的前提，由此即可知作者本人不像某些批評者所云，對「數量優勢存有一種盲目的崇拜」。）……現在只有對戰爭的習慣才可以使一支軍隊對另一支軍隊獲得一種決定性的優勢。在所有這些事物上，我們愈接近平等的狀況，則數量的關係也就變得愈具有決定性。

我們對於收量優勢現在是已經給與以已有的重視；這應視為基本觀念，並且應盡可能視為首要目標。

但若因此而就認為它是勝利的一種必要條件，則對於我們的理論將是一種完全的誤解；我們所能獲得的結論不過是重視數量在戰鬥中的價值而已。若已盡可能集中最大兵力，則也就是符合了此一原則；但若缺乏足夠兵力是否即應避免戰鬥，那必須檢討整體關係之後，始可作成決定。

（摘自第三篇，第二章）

六、奇　襲

從想要獲致相對優勢的一般性努力中，於是也有另一種具有同樣一般性質的努力會隨之而來：這就是使敵人受到**奇襲**（surprise）。它多少也是一切行動的基礎，因為若無奇襲，則在決定點上的優勢也就很難獲致。

所以，奇襲不僅是獲致數量優勢的工具，而且其本身，基於其精神效力，也同時被認為是一種實質性的原則，當奇襲能獲得高度的成功時，則其後果即為在敵軍內部發生混亂並喪失勇氣。同時這些因素也就足以擴大成功的程度，其例證是不勝枚舉。我們現在所討論的並非專指屬於攻擊的奇襲，而是指一般性的措施，而尤以透過兵力分配者為然，那在防禦中也是一樣的有效，而在戰術防禦中更是一種要點。（譯註：「surprise」這個字在此譯成「奇襲」，實在並非妥當，但已相沿成俗，成為流行的軍語，所以也就不便更改。讀者所應注意的是，這裡所謂的「襲」者，並非實質的而是心理的，換言之，只要出敵不意，即為「奇襲」。）

我們認為，奇襲實為一切行動之基礎而無例外，但依照行動的性質和其他環境而又可以有程度很大的差異。此種差異實際上是發源於軍隊及其指揮官的性質和特點，甚至於連政府也應包括在內。

祕密和迅速是這個乘積中的兩個因素；這又必須假定政府和統帥具有巨大的精力，而軍隊又有高度的效率，若非如此則無從收奇襲之效。通常奇襲雖然總還是不至於完全無效，但卻又還是很難獲得一種顯著程度的成功。假使我們相信依賴此種手段即能在戰爭中大有收穫，都是大錯而特錯。就理想而言，它是具有極大的希望；但在執行時，通常是會受到極個戰爭機器的摩擦所影響。

在戰術中奇襲是遠較易於發揮效力，因為其一切時間和空間的規模都較小。所以在戰略領域中，如果其措施是接近戰術的領域則較容易，而如果是接近政策的領域則遠較困難。

一個國家想使另一個國家受到奇襲，又或想僅憑其兵力的集中方向以來達到此種目的，那都是很少見的事情。……

反而言之，如果行動是在一兩天之內可以完成的，則奇襲也就遠較容易，因為通常是不難比敵人超前一天的行軍距離，以來占領一處陣地、一個要點、一條道路等。但很顯然，此種易於執行的奇襲，其功效是不會太大，反之，攻效愈大則執行也就愈難。若想用小規模的奇襲以求獲致巨大的效果，例如贏得一次會戰，雖然在理論上並非不可能，但在歷史上卻很難找到這樣的例證。由此，我們可以獲得一個合理的結論，認為奇襲的內在困難足以妨礙其成功。

我們並不否認那是可以成功，但卻認為必須有有利的環境與之配合，但此種有利環境的出現卻顯然並不常見，而且指揮官也很少能憑其本身的能力來促其實現。

現在還有一個要點必須說明：只有採取主動的方面始能獲致奇襲之利。……假使我們用一種錯誤的手段以來奇襲對方，則結果可能不特沒有良好的收穫，反而會受到敵人的痛擊，在那樣的情況中，對方對於我方的此種奇襲是不用害怕，因為我們的錯誤會使他坐收其利。因為攻擊的本身是要遠比防禦包括著較多的積極行動，所以對於攻擊者而言，奇襲確實是比較普遍，但卻又並非必然如此。……攻守雙方的相互奇襲也可能會不期而遇，於是那一方面運用較佳，結果就對那一方較有利。

理論固屬如此，但實際卻並不會與此種路線完全密合，其原因非常簡單。隨伴著奇襲的精神效力常能化不利為有利，而使對方不能作成任何正常的決心。在這種情形之下，不僅主將如此，而且每一位個別的各級指揮官亦莫不如此。因為奇襲對於分散的整體最為有效，所以每個單獨領袖的個性也就最易於表現出來。

在此一切大致都是要看雙方的一般相對關係而定。假使某一方面透過一種全面的精神優勢可以威嚇和壓倒對方，則他對於奇襲的使用也就可以獲得較多的成功，甚至於在本應失敗的情況中反而還能收到良好的戰果。

（摘自第三篇，第十章）

七、謀　略

謀略（stratagem）暗示一種掩蔽的意圖，與簡單、直接的行動方式相對立。……所以它與欺詐（deceit）是有很多的關係，因為它也是阻藏其目的，但與通常所謂欺詐者又仍然有其差異。……使用謀略的欺詐者是要使對方犯一種了解上的錯誤，使其對於眼前所看見的事物作一種錯誤的解釋。

乍看之下，「戰略」這個名詞在字義上是導源於「謀略」似乎並無不當。……

戰略的含意就是用各種有關的措施以來管制戰鬥的活動。所以，它對與行動無關的「空言」並不關心——那也就是指表示、宣布等等而言。但是這些手段成本都非常低廉，所以也常為智者所採用——例如故意宣布假計畫和命令，或製造假情報——不過通常在戰略領域中其效力是頗為有限，所以僅在特殊情況中，順便使用之，而不能算是將領們的故意行動。

但是像假裝一種戰鬥部署的措施對於時間和兵力都必須有相當的消費；當然，要使對方所獲的印象愈深，則所需的成本也就愈大。通常所花費的成本又往往不夠大，所以在戰略領域中，這一類的謀略是很少能達到其理想的效果。事實上，僅僅為了欺敵之故而分散大量兵力達相當長久的時間，其實頗為危險，因為經常有這種情形：欺敵未獲成功，而在決定點上又缺乏可用之兵力。

在戰爭中的主角經常都徹底了解這種冷酷事實，所以他無意使用這種手段。認真迫切的需要使他們必須傾全力來採取直接行動，而無餘暇來耍花槍。……

所以我們可以獲致下述的結論：對於一位將軍而言，正確和敏銳的眼光要比狡猾是一種更需要和更有用的素質，儘管若不犧牲主要的素質，則聽任其存在也並無妨害。

不過在戰略指揮之下的兵力愈弱，則也就愈有運用謀略之必要，因為對於弱小的兵力，在無可奈何的情況之下，謀略也許即為其最後的救星。其情況愈危殆，則愈有作死裡求活，拚命一戰之必要，於是在此時謀略也就愈能補其果敢之不及。在不考慮一切更進一步的計算，不顧及一切未來的問題時，果敢與謀略互相增強，於是把微弱的希望之光集中在一個焦點上，也就有了點著火焰的可能。

八、在空間與時間中的兵力集中

（摘自第三篇，第十一章及第十二章）

最好的戰略**經常非常地強**，首先是全面的，然後再在決定點上。所以，除了建軍的努力以外（那種工作並非經常由將軍去做的），在戰略中的最重要和最簡單的法則莫過於**使兵力保持集中**。除非有某種迫切的需要，否則絕不應分散兵力。我們必須堅持此項原則，並認為它是一種可以信賴的指導。……

假使全部兵力的集中被認為是常規，則任何分割和分隔都應視為例外而必須有合理的解釋，這樣不僅可以完全避免愚行，而許多要求分散兵力的錯誤理由也都會受到拒絕。

戰爭是兩支互相衝突的對立兵力所產生的震盪，因此當然的，強者不僅毀滅弱者，而且其衝力會把弱者帶著走。這也就是根本上不容許將兵力作一種長期、連續的使用，而為了震盪的意圖同時使用一切兵力似乎成為一種基本的戰爭法則。

不過僅當戰爭實際上像一種機械化的震盪時才會如此，假使是一種持久的相互毀滅行動，則我們也就確實可以想像到一種兵力的連續行動。……

在戰鬥中使用太多的兵力也可能是不利的；因為不管在最初的階段，此種優勢能給與多大利益，但到了次一階段我們卻可能要付出很大的代價。

但此種危險是發生於混亂、疲憊和困頓狀態的時候，換言之，甚至於勝利者也在所不免。在此種雙方精力用盡的鬆弛階段中，若有相當數量的生力軍出現即足以產生決定性作用。

而一旦勝方克服了此種秩多混亂之後，所留下的就只有勝利所帶來的精神優勢，於是敗者僅憑生力軍也還是不能再扭轉劣勢，而他們在全面運動之中也就會被帶著走而站不住腳；所以即令有強大的預備隊，一支已被擊敗的軍隊還是不能在一天之後反敗為勝。在此我們可以發現戰術與戰略之間的一種高度物質性差異的根源。

在戰鬥過程內所獲得的戰術成功，通常都是發生在混亂和衰弱的階段中；但是勝利所實現的戰略結果，換言之，也就是整個戰鬥的結果，姑不論其大小，都是完全位置在那個階段之外。因為僅當各個部分的戰鬥結果自動合併成為一個獨立的整體時，然後戰略結果方始出現，但到了那時，所謂高潮（危機）的阰段也早已過去，兵力都已恢復其原有的狀況，其減弱的程度現在也就只和實際被毀滅的數量成比例。

此種差異的後果是：**戰術上可以逐次使用兵力，而在戰略上則須同時使用。**

在戰術領域中，如果不能憑第一次的成功來決定全局，如果對於次一階段感到憂懼，則為了爭取第一次的成功，所使用的兵力也就自然是似乎僅以達到那個目的的必要兵力為其限度，而其餘的兵力則應保持在火力或任何其他種類戰鬥的範圍之外，以便能用生力軍來對抗敵人的生力軍，又或用來壓倒已經困乏的敵軍。但在戰略領域中卻不是這樣。一方面，誠如我們剛才所已經說明的，已經並無太多的理由害怕成功實現之後所發生的反作用，因為當那個成功出現時高潮是已經過去；另一方面，所有作戰略使用的兵力並不一定都會減弱。其中只有參加戰術性戰鬥的兵力，即參加部分性戰鬥的兵力，才會受到減弱。……

所以，假使在戰略中，損失並不會隨所使用部隊的數量而增加，反而還會遞減，則作為一種自然的後果，兵力愈大，對我們有利的決定也就會愈確實。因之在戰略中我們所應使用的兵力也就自然是多多益善，而且他們也應該同時使用以求達到立即性的目的。

不過我們又還要基於另一種立場來替這種理論辯護。直到此時為止，我們還只說到戰鬥的本身；但在戰爭的實際活動中，人員、時間，和空間等因素的影響也都必須予以考慮。

疲倦、辛勞、困苦在戰爭中構成一種特殊的毀滅力量，雖不一定是屬於競爭的範圍，但多少卻和它不可分，而且特別是屬於戰略者更是如此。毫無疑問它們也存在於戰術中，而且程度也許還是最高的；但由於戰術行動的時間都比較短，所以辛勞和困苦的效果也小得可以不予考慮。但在戰略中，由於時間和空間的規模都遠較巨大，所以它們的影響不僅是相當可觀，而且往往具有決定性。一支獲勝之軍，其病患的損失甚至於超過戰場上的損失，這也是常見的事情。

假使我們把戰略中的這種損失看得和戰術中的火力及接近戰鬥所造成的損失一樣，則我們也許就會以為在戰役或任何其他戰略階段結束時，凡是已經使用的兵力都已被減弱，於是也就會使生力軍的到達具有決定性。因此，我們也就可能會認為在戰略方面也還是像在戰術方面一樣，用來獲致第一次成功的兵力應盡可能減少，以便能保留生力軍供最後使用。

我們又不應把增援兵力與新鮮未用的部隊（生力軍）兩種觀念混為一談。……假使認為剛剛進入戰場的兵力，就精神價值的估計而言，是可以高於已在戰場上的兵力（即對戰爭已養成習慣者），則實在是違反了所有一切的經驗。……

這一點已經解決之後，於是問題即為，是否一支兵力由於疲倦和勞苦所受到的損失，也會像在戰鬥中的情形一樣，會照兵力的大小作成比例的增加呢？我們的答案是一個「否」字。

戰爭中的疲倦大致都是由於在戰爭行動中幾乎無時無刻不置身於危險之中所引起的後果。為了在所有各點上對抗這些危險，為了使自己的計畫可以安全的執行，也就必須要動用很多的兵力，以來對整個軍團作戰術性和戰略性的服務。這個軍團的全部兵力愈弱，則此種服務也就愈為困難；反之對敵軍的數量優勢愈大，則此種服務也就愈為容易。誰會對這一點表示懷疑呢？所以一個對付兵力遠較微弱的敵軍的戰役，其在努力上所付出的成本將比對付兵力大致相等或較強的敵軍時要小得多。

對於疲倦的問題就談到這裡為止。勞苦的問題又有一點不同，它們主要是兩件事：其一是部隊缺乏食物；其次是部隊缺乏宿所，或者是房舍或者是適當的營幕。但毫無疑問，當大量兵力集中在一個地方時，則此種缺失也就愈大。反之，兵力占有優勢也就占領較多地區以獲致更多食宿工具的最佳手段。

所以總結言之，並無理由可以證明非常優勢兵力的同時使用將會產生較大的減弱作用。……不過還有一個最重要之點必須注意。在一個部分性的戰鬥中，用來獲致偉大結果的兵力是可以作大致的估計而並無太多的困難，所以，我們也就可以構成一個多少兵力為多餘的概念。在戰略中這也許應該說是不可能，因為戰略結果不可能像戰術結果那般具有確定的目標和範圍。在戰術中可以被視為過多兵力，在戰略中，只要有機會，即應視為用來擴張成功的工具；而成功愈大時，則兵力的優勢也同時隨之而增加，於是不久數量的優勢就會達到那樣的一點，那是即令對兵力作最謹慎的節約也都還是永遠無法達到的。

上述的一切分析是只限用於一種兵力連續使用的觀念上，而與正常所謂的預備隊觀念無關，後者與某些其他的考慮發生關係，我們將在下節中再討論。

我們在此所想要說明的是，假使在戰術中兵力僅由於實際使用時間的持續而受到減弱，所以時間也就似乎是結果中的一個因素，那麼在戰略中則大體並非如此。在戰略中雖然時間也能對兵力產生毀滅效果，但一部分由於兵力的集中，另一部分由於其他的因素而可能產生抵銷作用，所以在戰略中不可以基於把時間本身當作一個同盟者的目的而來逐次的使用部隊。

我們所企圖建立的規律是：一切可供使用和指向戰略目標的兵力必須同時應用，若一切事物都能集中在一個行動和一個運動之內，則此種應用也就愈能完全。

（摘自第三篇，第十三章）

九、戰略預備隊

預備隊（reserve）有兩個目標，那是彼此大不相同：（一）戰鬥的延長和恢復；（二）用來應付意外的情況。第一種目標暗示著對兵力作運續應用的含意，所以也就不可能發生在戰略中。假使派遣一個軍去協助或援救某一假定即將淪陷之點，那很明顯是應列入第二類目標，因為在那個點上的戰況是不能事先預知的。但假定一個軍是明白的被指定用來延長戰鬥，並且為了這個目的把它放在後方，則那不過是一個位置在火力限度之外的軍，卻仍然是在戰鬥指揮官的控制和調遣之下，因此那也就只是一個戰術而非戰略預備隊。

不過在戰略中也還是有控制兵力以來應付意外事變之需要，所以同時也可能應有一支戰略預備隊，但那卻又僅限於意外變化是在想像中的情況為限。在戰術中，通常敵軍的部署是首先要靠直接的視覺來發現，但因為他可能會利用一切地形地物的掩蔽，所以我們也就自然經常要考慮到意外情況發生之可能，因此我方兵力的部署也就必須隨時調整以便能對敵情作較佳的適應。

這樣的情況在戰略中也同樣可能發生，因為戰略行動是與戰術行動具有直接聯繫。在戰略中所採取的許多措施，有一部分是以實際上所看見的情況為依據，有一部分是以逐日，甚或逐時，所收到的不確實情報為依據，而最後又有一部分是以戰鬥的實際結果為依據。所以戰略指揮的一個必要條件就是應依照不確實性的程度來控制兵力，以作為應付未來意外事變的預備隊。

在防禦中，如眾所周知的，這種意外情況經常會發生。……但當戰略與戰術間的距離愈大時，此種不確實性也就會成比例降低，而在接近政策邊緣的區域中則將會幾乎完全消滅。

如前所述，局部戰鬥的結果，就其本身而言意義並不重大，唯有一切的局部戰鬥綜合為總體作戰的結果時，方能決定其價值。

但甚至於此種總體戰鬥的決定也只有許多不同程度的相對意義，那是要看所擊敗的敵方兵力在其全體中所占有的分量而定。一個軍的戰敗也許可能由於一個軍團的戰勝而獲得抵補。……但是同樣明顯的是每次所獲勝利的重量愈大，則所征服的部分也愈重要，於是用後來的勝利來抵補損失的可能性也就會成比例的減低。

我們發現戰略預備隊所指向的目的愈廣泛，則也就經常愈表面化、愈無用，和愈危險。

在那一點上戰略預備隊的觀念就會變得不合理，那是不難確定；它是在於「最高的決戰」（或「主決戰」，supreme decision）。一切兵力的使用都應在此種最高的決戰範圍之內，任何預備隊（一切可用的兵力）假使只準備使用於此種決戰之後，則顯然是違反常識。

所以，假使說戰術預備隊是不僅可以用來應付事先沒有預料的敵方部署，而且還可以用來抵補戰鬥的失敗（那更是無人能夠預知的）；則在戰略方面，卻必須放棄這樣的想法。通常只有在少數情況中，可以把兵力從這一點調到另一點，於是也就可以用後一點上的收穫來抵補前一點上的損失，但事先留置兵力以充作此種預備隊之用的觀念，在戰略中卻是永遠不應持有的。

（摘自第三篇，第十四章）

十、兵力的節約

誠如我們所早已說過的，理智之路是很少容許其本身簡化成為一種數學路線。經常總是有某種活動之餘地。所以在戰爭中的行動者不久就會發現他必須依賴微妙的判斷，這種判斷的基礎是一種天然的敏銳反應，再加上思考的教育，使他幾乎是在不知不覺間就抓到了要點。所以一方面他必須簡化法則使其歸納成為若干要點，但另一方面又必須依賴隨機應變的方法。

作為一種簡化的要點，我們必須注意確使所有的兵力都被包括在戰鬥之中，換言之，也就是經常不應容許任何某一部分兵力待置不用。當敵人正在戰鬥時，如果我方尚有兵力在行軍中，那也就是容許他們閒置著，這對於兵力是一種惡劣的管理。這樣的浪費兵力，要比對他們作無目的的使用還要更壞。假使必須行動，則最重要的就是要全部一齊動，因為即令是最無目的的活動也多少還是能夠牽制和毀滅一部分敵軍，而完全不參加行動的部隊，就目前而言也就無異於完全不生作用。

十一、戰爭中的行動暫停

（摘自第三篇，第十五章）

假使認為戰爭是一種互相毀滅的行動，則我們必須假想雙方都正在作一些進展；但同時，專就眼前而言，我們幾乎又必須假定有一方面是處於一種期待的狀況中，而只有另一方面是實際在前進中，因為環境不可能對於雙方完全一樣。時常會有變化，在目前某一階段中總有一方面是比較有利。現在假定雙方指揮官對於此種環境都有充分的了解，於是當一方面有行動的動機時，則另一方面也就同時會有等待的動機；因此既不可能雙方同時都利於前進，復不可能雙方同時都利於等待。此種有關目標的利害相反，又是由於雙方指揮官在動機上有一點相同，即用未來行動改進或破壞雙方地位的或然率。

但即令我們假定在這一方面是有完全相等環境的可能，又或由於雙方對於對方地位的了解都不完全，而使雙方指揮官會感覺到那是相等的，但是政治目的的差異也還是會取消此種暫停（suspension）的可能。雙方中一定有一方面在政治上是居於侵略者的地位，因為若假定雙方都只有防禦的意圖則也就無發生戰爭的可能。但侵略者具有積極的目的，而防禦者則僅有消極目的。於是前者必須採行積極行動，因為只有這樣才能達到積極目的。所以，如果雙方的環境真是完全相似，則侵略者由於其所具有的積極目的也就勢必要採取行動。

所以，從這個觀點來看，在戰爭行動中的暫停，嚴格說來，是與自然之理矛盾；因為兩支軍隊是彼此互不相容，一定要拚一個你死我活。……

假使我們對於軍事史作一個概括的觀察，則可以發現不向目標作積極的前進，反而停止不動和一事不做卻往往正是一支軍隊在戰爭中的常態——行動卻反而成為例外。這也就必然會令人懷疑我們觀念的正確性。但在拿破崙的各戰役中，戰爭的指導已極度地發揮了它的活動能力，而我們也曾認為這是戰爭的自然法則。所以此種程度是可能的，而假使是可能的則也就是必要的。

關於一般原則的解釋就到此為止，現在再來分析其限制。有三種原因值得注意，那似乎是一種內在的制衡，足以阻止過速或無控制的行動。

第一，人類心靈的天然懦怯和缺乏決斷足以經常產生延遲的趨勢，這是精神世界中的一種惰性，其產生的原因為對於危險和責任的畏懼。僅只了解為何而戰還是不足以克服此種抵抗力，假使缺乏一種勇敢好戰的精神，又或缺乏某種巨大責任的壓力，則軍隊在戰爭中停留不進就會成為常態，而進展反而變成例外。

第二種原因是人類的認識和判斷的不完全，尤其在戰爭中此種不完全的程度更是超過了任何其他地方，因為一個人是很難正確知道其自己態勢的變化，而對於敵方的態勢更只能付之於猜度，那是受到故意的掩蔽。這樣也就時常會使雙方認為某種同一目的是對其本身有利，但實際上卻只能對一方面有利；因此雙方也都可能認為等待時機是一種明智的決定。

第三種原因為防禦形式所具有的較大力量。甲也許會感覺到自己太弱不足以攻擊乙，但並不能因此即認為乙的實力已經夠強而可以攻擊甲。所以可能很巧合的，雙方在同時不僅都感覺到自己太弱不足以進攻，而且事實上也的確如此。

所以甚至於在戰爭行動本身之中，過分的敏感和對於太大危險的憂懼是可以發揮馴服單純戰爭衝動的效力。

這些因素可能發揮如此巨大的影響作用，以使戰爭降低到有氣無力和心不在焉的程度。所以戰爭常常不過是一種武裝中立，或一種支援談判的威脅態度，或一種只想用小力以求小利然後再等待有利機會的企圖，或一種不得已的條約義務，那是盡量掙取敷衍塞責的辦法。

在所有這些情況中，利益所給與的刺激是都很輕微的，敵對意識也很微弱的，既不想多所為，同時對敵人也無太多的畏懼；簡言之，即缺乏壓迫和推動的強烈動機，政府在戰爭中也不想多所冒險，所以也就軟化了戰爭進行的方式，並限制了真實戰爭的戰鬥精神。

不過，假使某國政府採取一種猶豫不決的政策，而且其軍事制度是受到慣例的束縛，若一旦碰到一個橫蠻的對手，除暴力以外更不知其他的法律為何物，則那也就該他倒楣。一切在精力和努力上的缺乏效率，都是天平上有利於敵人的法碼；要想把一個擊劍的姿態改變成為拳擊的姿態，並不是那樣容易，於是只要輕輕的一擊即足以擊倒其全體。

上述這種種原因所形成的結果是：一個戰術中的戰鬥行動並非是連續進展的，而是一種間歇式的運動，所以在分別的流血行動之間，是常有一種觀望的階段之存在，在此種階段中，雙方都會陷入守勢，不過同時一個較高的目的又常使侵略的原則支配著某一方面，於是通常也就會使其居於一種前進的形勢，不過其進度又還是會受到某種程度的節制。

十二、緊張與休息

（摘自第三篇，第十八章）

現在我們已經看出，在多數戰役中，有許多的時間是花費在靜止不動上而不是花在活動上，真正的行動是的確經常為長時間的暫停所隔斷，所以這也就使我們對於戰爭中這兩個階段的性質有加以較精密檢討之必要。

假使戰爭中有了一個暫停，那也就是雙方都不想達到任何積極的目標，那也就進入了休息（rest）狀態，於是也就產生了一種平衡，但那確實是一種較大意識的平衡，在其中所應計算的不僅是精神和物質的戰爭力量，而且還有一切的關係和利益。一旦當有一方面開始追求一個新的積極目標，並開始向它採取積極步驟時，即令那僅是一種準備，於是對方也就會採取對策，而權力的緊張關係（tension of power）也就開始出現，此種緊張關係就會持續到決定勝負時為止——那也就是除非有一方面放棄其目標，又或另一方向他讓步。

在決定勝負之後，接著就是一個向甲方或乙方的運動（即一方面乘勝前進，另一方面因敗後退）。當這個運動，因為其所遭遇的困難，或本身的內在摩擦，又或敵方所準備的新抵抗兵力，而逐漸變為強弩之末時，於是就會再度進入一種休息狀況，又或一種新的緊張關係，並帶來下一次的勝負決定，然後又是一次新的運動，在多數的情況中那是會朝著相反的方向。

此種平衡，緊張，運動的假想分段，對於實際行動的重要程度也許要比第一眼看上去時遠較重大。

在休息和平衡的狀況中，由於偶然的因素，某一方面也還是可能採取各種不同的活動，但卻不是以造成重大改變為目標。這樣的活動可能包括重要的戰鬥，甚至於正式的會戰——但卻仍然還是具有完全不同的性質，因為其效果也大不相同。

但若存在著一種緊張狀況時，則勝負決定的效果也就會遠較巨大，這一部分是由於在此種狀況中所自動表現的較大意志力和較大的環境壓力所致；而另一部分則是因為所有的一切都是為一個巨大的運動而有所準備和安排。

同時，所謂的緊張狀況，顯然是一種程度的問題。當它接近休息狀態時，中間可能分為許多階段，其最後階段與休息階段是已如此的接近，以至於很難分別其間的差異。

從此種分析中我們所獲得的真正用途是下述的結論：一切在緊張狀況中所採取的措施，比之在平衡狀況中所採取的同樣措施，其結果是遠較重要而有利；而當緊張達到最高程度時，此種重要性也更會隨之而有巨大的增加。

第五章 會戰

一、戰鬥

（摘自第四篇，第三及第四兩章）

戰鬥才是真正的戰爭活動，其他一切的事物都只是它的輔助。……

戰鬥（combat）的意義就是打仗（fighting），在其中敵人的毀滅或征服即為目的，而在個別的戰鬥中，敵人也就是我們所面對著的武裝部隊。

假使我們假定國家及其軍事力量為一個單位，則最自然的觀念即假想戰爭同時也像一個巨大的戰鬥，而在野蠻國家的簡單關係中，也的確大致是如此。但我們的戰爭卻是由許多大大小小同時或連續的戰鬥所組成，此種把戰爭的活動分成這麼多個別行動的原因，是由於我們的國際關係已經變得遠較複雜。

事實上，現代戰爭的最後目的是政治性的，往往也就不能視為一個簡單的問題；即令它是簡單的，但行動也必然還是會受到許多條件和考慮的限制，所以要想達到目的是不再可能僅憑一個單獨的巨大行動，而必須透過許多大大小小但又結合成為一體的行動。……

戰鬥的觀念是位置在所有戰略行動的根本上，因為戰略是兵力的使用，而其核心即為戰鬥。所以，我們可以把戰略領域中的一切軍事活動簡化成為單獨戰鬥單位，並且僅以此為研究目標。一切的戰鬥，不分大小，都有其本身的特殊目的，並臣屬於主要目的。所以，毀滅和屈服敵人僅是一種達到全面目的的手段，而且對此應無疑問。

但僅當考慮到這些觀念之間的聯繫時，此種結果才是重要的。什麼是克服敵人？毫無疑問即為毀滅其軍事力量，不管那是用殺死、或殺傷、或任何其他的手段；不管那是完全毀滅或僅達到使其不能再戰的程度。所以假使我們把戰鬥的一切特殊目的擺在一邊，則我們可以認為敵軍的完全或部分毀滅即為一切戰鬥的唯一目的。

現在我們認為在大多數情況中，而尤其是在大會戰中，那些構成偉大整體的個別特殊目的，通常都僅為那個總目的的一種微弱修正，又或是一種與其有關的附屬目的。後者若與那個總目的比較往往都是不重要，所以若僅能達到那種附屬目的，則也就只能實現戰鬥目的中的一個不重要部分而已。假使這種說法是正確的，則我們也就應確認毀滅敵方兵力即為唯一的手段。

現在我們又將如何證明在大多數情況中，毀滅敵軍即為主要的事情呢？有一種極微妙的觀念，認為我們可以使用一種特殊的人為形式，只要直接毀滅敵軍的一小部分，而其大部分都將受到間接的毀滅；又或使用一種小型而有最良好指導的打擊以來使敵軍癱瘓——對於這些觀念應如何加以駁斥。毫無疑問，有時在某一點上的勝利是要比在其他點上具有較多的價值。毫無疑問，在戰鬥之間是可以有一種科學化的安排，甚至於在戰略中也是如此，事實上，戰略也就不過是這種安排的藝術而已。所以我們的意圖並不在於反駁，但我們卻是要聲明敵軍的直接毀滅無論在何處都是具有支配地位；我們在此只是確認這種毀滅原則的壓倒性地位而更無其他意圖。

不過，我們必須記著現在所談的是戰略，而並非戰術，所以我們所說的直接毀滅，也就暗示戰術結果的意義。那也就是說只有偉大的戰術結果始能導致偉大的戰略結果，又或者用更明顯的說法來表示，**戰術性的成功**（tactical successes）在戰爭的進行中是極端重要。

此種說法的證明照我們看來似乎是非常簡單，因為任何複雜（人工化）的組合都需要時間來完成。假使要問：一個簡單的攻擊，或一個較慎重準備的攻擊（也就是比較複雜和人工化的），那一種能產生較大的效果？那麼只要敵人一直都消極無為，則毫無疑問後者是比較有利。不過任何有慎重組合的攻擊一定需要準備時間，如果敵人在這段時間之內發動反擊，則我們的全部計畫也就可能會受到破壞。現在假使敵人決定作某種簡單的攻擊，那是可以在較短時間內迅速付諸實施的，於是他也就可以獲得主動，而破壞了我方偉大計畫的效果。所以，儘管複雜的攻擊是比較有利，但我們卻必須考慮在準備階段中所冒的危險，所以僅當無理由害怕敵人會破壞我方的計畫，始可以採取。否則，我們就必須盡量選擇較簡單，也就是較迅速的方式。假使我們從理論進入現實境界，更可以斷定一個果斷、勇敢，和堅決的敵人是不會容許我們有時間來作大規模和技巧的組合，但是面對著這樣的敵人，我們也正最需要技巧。因此，我們也就似乎已經確實證明簡單直接的結果是要比複雜的較為有利。

我們的意思並非說簡單的打擊是最好的，而是說**我們在打擊之前不要把舉起手臂的時間拖得太長**，因為在這種條件之下，如果對方愈勇敢善戰，則也就愈足以引起直接的衝突。所以，我們不應以使用複雜計畫來擊敗敵人為目的，反而應盡量簡化我們的計畫以求先下手為強。

假使我們對於這些對立的原則想要尋找其最低的奠基石，則我們可以發現其一為能力，而另一則為勇氣。誠然，少量的勇氣加上大量的能力若比少量的能力加上大量的勇氣，更能產生較大的效果，那當然是一種富有吸引力的想法。不過，除非我們假定這兩種因素之間的關係是不成比例的，而非合於邏輯的，否則在一個像戰爭如此危險的領域中，我們實在無法認為能力是比勇氣占優勢，而此種領域也應視為一種真正的勇氣領域。

所謂敵軍的毀滅，我們現在的了解又是怎樣？即敵軍的減少是相對的較大於我方。假使我們對於敵人享有一種巨大的數量優勢，若雙方所蒙受的損失數量相當，自然對於我方而言是一種較小的損失，所以其本身也就可以算是一種利益。因為我們在這裡所討論的是一種不考慮其他目的的戰鬥，換言之，只有在相互毀滅的過程中所已得的直接收穫始可被認為是目的，因為這是一種絕對收穫，這種目的貫穿整個戰役，而在戰役結束時也經常似乎是一種純淨利潤。

對敵人獲致有利的態勢，那也就是迫使他處於一種必須放棄戰鬥的地位上，其本身不能算是目的，因此也就不應列入目的的定義之內。所以誠如我們所已經說過的，除了我們在毀滅過程中所已得的直接收穫以外，即更無其他的目的；但這又不僅限於在戰鬥中所受的損失，同時還包括戰敗者在撤退中所受的損失，那也是前者的直接後果。

根據經驗，我們知道在一個會戰中，勝負雙方在兵力上所受到的實際損失往往殊少差異，有時還可能完全相等，甚至於有時勝利者的損失還可能較大。所以在失敗者的損失中，最具有決定性的還是在退卻時所受到的損失，那是他所獨有的，所以勝利者的最大收穫往往是在勝負已經決定之後。若非有下述的解釋，則這裡也就是一個矛盾。

在戰鬥過程中雙方所遭受的不僅為物質力量的損失，精神力量也同樣的受到動搖、破裂，並甚至於崩潰。所損失的不僅為人員和槍砲，而且還有秩序、勇氣、信心、團結，和計畫，於是也就發生了是否仍能再戰的問題。所以在這裡決定勝負者主要即為精神力量，在所有一切情況中，勝負雙方的損失都是大致相等，只有精神方面則迥然不同。

在會戰中雙方物質損失的比較關係是很難研判，但精神損失的關係卻並不如此。有兩件事可以顯示其差異。其一是戰場地面的喪失，其次是敵人預備隊的優勢。若與敵方比較，我們的預備隊消耗得愈快，則我們要用來維持平衡的兵力也就會愈多；在這裡同時也可獲敵軍精神優勢的確證。主要的事情是久戰的兵力已經疲憊，也許其勇氣也已經崩潰。這樣的兵力，不管其數量已經減少多少，若把它當作一個完整的有機體來看，則與戰鬥之前是已大不相同。所以士氣的損失可以用預備隊消耗的程度來加以衡量，也就被視為一種基本法則來使用。

所以，地面的喪失和新銳預備隊的缺乏常為決定退卻的主要因素。

所以任何戰鬥都是一種對實力消耗的比較，包括物質和精神都在內，到結束時，那一方面所保留的總量較大則也就是勝利者。

在戰鬥中，精神力量的損失為決定勝負的主要原因；在這一點之後，此種損失將繼續增大，直到整個行動結束時達到其極點為止。所以勝利者應盡量抓住一切機會來收穫勝果。在失敗者方面，由於一切秩序和控制的喪失，也就時常會變成個別單位的各自為戰，於是所受到的損失也就勢必會比全軍一致行動時所受到的損失更為慘重。精神崩潰之後，也就會處於一種挨打的狀況之，所以危險不再能激發勇氣，反而成為一種對酷刑的忍受。

不過，當這個階段過去之後，失敗者的精神力量又會逐漸恢復，秩序會重建，勇氣會復活，但在多數情況中，最多也只能獲得小部分的優勢，甚至於毫無優勢之可言。在某些情況中，甚至於復仇的精神和增強的敵愾可能會帶來一種相反的結果，不過這種情形是很少見的。反而言之，一切在死、傷、俘虜，和所虜獲兵器等方面的收穫，都永遠不可能在帳單上被取消。

在會戰中所受到的損失大部分是人員的死傷；而在會戰之後，則以所俘獲的人員和裝備為主。前者，多少是勝負雙方所共有的，而後者則為失敗者所獨有。所以通常所俘獲的人員和裝備也就被視為一種真正的戰利品，同時也是勝利的衡量標準，因為憑藉這些收穫對於勝利的程度也就可以作毫無疑問的宣布。甚至於對於精神優勢的程度，它們也比任何其他關係更是一種較好的判斷。

精神力量的喪失平衡也許會產生一種不可抵抗的巨大力量而把一切的東西都拖垮。所以，那也就往往可能成為一種偉大（或主要）的作戰目的。

勝利的精神效果。不僅是與所用兵力成比例增加，而且還是以等比級數增加——那也就是說所增加的不僅為範圍，而且還有強度。在一個被擊敗的支隊中，秩序是很容易重建，當有其他的部隊加入在一起時其勇氣也很容易恢復。所以，縱令一個小型勝利的效果不被完全取消，它們對於敵人也仍然不過是一種局部的損失。假使全軍受到一次大敗則情形就完全不一樣；因為其中各部分都會垮在一起。一場大火所產的勢力要比幾個小火頭所產生的遠較巨大。

假使我們把勝利的觀念當作一個全體來加以觀察，則我們可以發現其中有三個要素：

(一) 敵人在物質力量方面所受損失較大。

(二) 敵人在精神力量方面所受損失較大。

(三) 敵人用放棄其意圖以來對此作公開的承認。

雙方在死傷方面的比較是永遠不會正確的，而且在多數情況中，是充滿了故意的虛報。甚至於戰利品數字的發表也很少完全可靠；所以若非相當的巨大，則對於勝利的真實性也足以令人感到懷疑。至於說到精神力量的損失，則除了戰利品以外，也就更無其他可以信賴的衡量標準；所以在許多情況中，只有放棄競爭才是勝利唯一的真憑實據。所以，那應被認為是一種對劣勢的承認——換言之，也就是把權利和優勢都拱手讓與敵人。這種程度的恥辱不可與由於喪失平衡而產生的一切其他精神後果混為一談，因為後者也是勝利的一個必要部分。只有這種精神打擊才會對軍隊以外的公眾意見，對交戰雙方的政府與人民，以及所有一切其他有關方面都產生影響作用。

放棄全面目的（即意圖）與退出戰場的意義並非完全相同，但在多數情況中，目的放棄與戰場的退出又還是非常難於分開，所以後者對於軍隊內外所產生的印象是不應予以輕視。

在某種環境之下，要作一連串的戰鬥，而每個戰鬥又都以退卻為其結束，這也可能是有理由的。但這也就顯得是一連串的失敗，儘管事實並非如此，於是也就會產生一種非常令人沮喪的心理影響。除非是素負盛名的將領和部隊，否則這將是一種最困難的行動。在退卻中的將領不可能說明其真正的意圖以來阻止此種精神影響向民眾和他的部隊傳播，因為如果這樣做，他也就必須完全洩漏其計畫，那當然是對於其主要利益大為不利。

（摘自第四篇，第五章）

二、戰鬥的意義

假使戰爭不過就是相互毀滅，則最自然的觀念，而且也許是真實的，似乎即為雙方的所有一切力量都凝結成為一個巨大的整體，而結果就是此種巨大質量之間的一次巨大衝突。在此種觀念之中確實有很多的真理，而且似乎我們也應該堅持這種觀念，所以小的戰鬥只能算是一種必要的消耗，好像木匠的鉋子裡面所出來的鉋花一樣。儘管如此，但問題卻從來不會這麼容易就解決。

由於兵力的分散，所以戰鬥的增多也就是當然的後果，所以在分散兵力之前也就必須先考慮個別戰鬥的特殊目的；於是全部的戰鬥也就可以予以分類，此種分類的知識可以使我們的觀察變得更較合理。

毀滅敵方兵力誠為一切戰鬥的目的；不過也可能還有其他的目的，而這些其他的目的也可能極為重要，所以我要把戰鬥分為兩大類：一類是在其中以毀滅敵方兵力為主要目的，而在另一類中，則毀滅敵方兵力多少只是一種手段。對於一個戰鬥而言，一般動機可能為毀滅敵方兵力，占有某一地區，或占有若干目標，這些動機可以單獨存在也可以幾個同時存在，不過通常其中有一個是主要動機。戰爭是分為兩種主要形式，即攻擊和防禦，它們對於這些動機中的第一種是無所改變，但對於其他的兩種卻的確有所改變，所以我們可以將此種變化表列如下：

攻擊

一、毀滅敵方兵力
二、攻占某一地區
三、攻占某些目標

防禦

一、毀滅敵方兵力

二、防守某一地區

三、防守某些目標

不過，這些動機又似乎還不曾把整個主題都完全包括在內，假使我們記得還有所謂的搜索和示威等行動，即可以明白以上三點都不是那些戰鬥的目的。因此，實際上我們應再加上一個第四類。嚴格的說，在搜索（reconnaissances）中我們是希望敵人自動顯示其本身的部署；在驚擾（alarms）中我們是希望使其疲憊不堪；在示威（demonstration）中，我們是希望阻止敵人離開某一點，或把他的兵力吸引到另外一點上去。所有上述的這些目的都只能間接的達到，並且也就是以前面所表列的三種目的之一為偽裝，通常都是第二類。因為假使敵軍的目的是在於搜索，則他還是要展開其兵力，裝著好像其真正意圖是想要攻擊並擊敗我們一樣，又或是想要把我軍逐退一樣。但此種假裝的目的並非真正的目的，我們現在的問題卻僅與後者有關；所以我們應在前述三種攻擊目的之外再加上一個第四類，即使敵人作成錯誤的結論。

在另一方面，我們應能了解對於某一地區的防禦是可分為兩種：一種為絕對的，即對於此點絕不能放棄；另一種為相對的，那也就是只需防守一段相當的時間。在前哨和後衛的戰鬥中，後述的情形是經常出現。

戰鬥中各種不同性質的意圖自然會對兵力的部署產生一定的影響。假使我們的目的僅為把敵軍逐出某一地區，則所採取的行動當然和以完全擊敗他們為目的時大不相同。假使我們是要想堅守某地到最後的極點為止，則所採取的行動當然也和只想遲滯敵人前進達某種一定時間時完全不一樣。在第一種情形之下，我們幾乎完全不考慮退路問題，但在第二種情況中，退路卻是一項主要的考慮。

不過這些考慮是應屬於戰術的範圍，至於說到戰略，我們在此只應作兩點概括的觀察：第一，在前面所表列的目的中，其重要性是隨著順序下降，所以這些目的中的第一個在大會戰中也就必須經常居於支配的地位。第二，在防禦戰中的最後兩項目的，實際上是不能獲得勝果的，換言之，**它們是純粹消極性的，所以也就只能有間接的貢獻，即僅能使其他的積極目的變得比較易於達到**。所以，假使這種戰鬥變得太頻繁，則對於戰略情況將是一種惡劣的象徵。

三、持續時間

（摘自第四篇，第六章）

假使我們不再考慮戰鬥的本身，而考慮其與戰爭中其他力量之間的關係，則其持續時間也就會獲得一種特殊的重要性。

就某種程度而言，此種持續時間（daration）應視為一種附屬的成功。對於勝利者而言，戰鬥是結束得愈快就愈好，對於失敗者而言，戰鬥拖得愈長就愈好。一個快速的勝利也代表威力較高的勝利；若勝負的決定頗為遲緩，則在失敗的方面，對於其損失也就可以獲得若干的補償。

固然大致上是如此，但在以遲滯行動為目的的戰鬥中，則更具有一種實際重要性。在此種情況中，整個的成敗時常僅由持續時間的長短來決定。這也就是為什麼我們要把它列入戰略因素之中的理由。

戰鬥的持續時間又自然與其必要因素相關。這裡所包括的有兵力的絕對數量，雙方兵力和不同兵種（兵器）的相對關係，以及地形的性質。兩萬人當然不會像兩千人消耗得那樣快；假使敵軍兵力數倍於我，則我方抵抗的時間當然不會像勢均力敵時那樣長；一個騎兵的戰鬥會比步兵的戰鬥結束得較快；假使雙方都是步兵，則若有砲兵參加時，則也可以較為迅速；在山地和森林中，前進當然要比在平地上遲緩——凡此種種都是極易了解的自然之理。

因此，假使戰鬥是要憑藉其持續時間以來達到一種目的時，則必須首先考慮兵力、兵種之間的關係，和地形三種因素。但在我們目前的考慮中，建立此種規律還是次要的事情，最重要的是應使其和經驗給與我們的主要結果立即發生關係。

一個普通的師，人數約八千到一萬，包括所有各兵種在內，即令在並不太有利的地形上對抗一個具有相當數量優勢的敵人，其抵抗也能持續幾個小時；如果敵人的數量優勢頗小，或完全不占優勢，則戰鬥將會長達半天。一個包括三四個師的軍則可以把這種時間延長一倍；一個總數八萬人或十萬人的軍團可以延長三四倍的時間。所以在那樣長的時間之內，集中的兵力可以聽其獨力支持，如果在那個時間之內，沒有其他的戰鬥發生，則其他的兵力也就可以調來，與原有的兵力會合，如此一來，即能對戰鬥的結果產生作用。

（摘自第四篇，第七章）

四、決　定

沒有任何會戰是在一分鐘之內決定勝負，雖然在所有一切的會戰中都一定會出現危機（crisis）的階段（也就是高潮），而會戰的結果也就依賴於其上。所以一個會戰的失敗是像天平一樣逐漸向某一方面下落。但所有的戰鬥中，在時間上又的確有這樣一點，即在那一點可以算是勝負已經決定了，換言之，從那時起再發生的戰鬥就應算是一種新會戰的開始，而並非舊會戰的延續。為了能夠確定，在增援兵力的立即協助之下，戰鬥是否仍能有利的延續下去，對於此種時間具有明確認識是頗為重要。

時常會在已經不可能扭轉的戰鬥中而把新的兵力冤枉的犧牲掉了；又時常由於疏忽之故，而在情勢尚有可為時，卻未能抓著此種決定的時機，而那可能是很容易掌握的。

每一個會戰都是一個整體，在其中若干部分性的戰鬥合併成為一個總結果。會戰的決定也就在此總結果之內。

所以我們要問通常什麼是這個決定的時機？那也就是說在這個時候，雖有有效的生力軍（當然不是大得不成比例的），也還是不能使會戰轉敗為勝。

除原為欺騙性質，而不以決戰為目的的佯攻外，決定勝負的時機有三：

（一）假使戰鬥的目的為占領一個活動的目標，則此同一目標的喪失經常即為決定。

（二）假使戰鬥的目的為占領某一地區，則此地區的喪失通常即為決定。

（三）但在所有其他情況中，尤其是以毀滅敵軍兵力為主要目的者，則當勝利者不感覺到他自己仍在瓦解的狀態中（state of disintegration）時，即可以算是已經到了決定的時刻。

所以，在一個會戰中，如果攻擊者並未喪失其秩序和完整的效率，又或至多只有一小部分兵力喪失，而其對方兵力卻已經瀕臨瓦解，則這個會戰的勝負也就已經決定了；假定敵人已經恢復其效率，結果也還是差不多。

所以，真正加入戰鬥的兵力愈小，則僅憑其出現即能對結果有貢獻的預備隊也就愈大，於是敵方任何生力軍想從我們手中再奪回勝利的機會也就愈少。所以指揮官愈能遵守兵力節約的原則，愈能發揮強大預備隊的精神效力，則愈有獲勝的確實把握。

此外，勝利者所控制的單位愈小，則其脫離戰鬥的危機階段，和恢復原有的秩序也就會愈快（其理由是單位愈小則也愈易於重組）。

反而言之，如果在危機階段，夜幕開始低垂，又或地形破碎和森林厚密，則都足以使此種時刻的來到較遲。

以上所說的，我們都只假定失敗者方面所受到的協助僅為兵力的增加，而且在通常的情況中，也就是直接來自其後方的增援。但假使這些生力軍趨向於對方兵力的側翼或背面，則情形也就會大不相同。

把兵力指向敵軍的側翼和背面，其效力可能會大增，但卻並非說若不如此，則效力就會大減。在這個問題上有兩點值得我們重視：第一，一般說來，側面和背面的攻擊對於決定後果的影響要比對於決定本身更為有利。專就挽回一個會戰而言，首先要注意的是有利的決定而不是勝利的大小。所以基於此種觀點，我們就可能認為打擊在敵軍側翼和背面上的兵力，對於恢復戰局的功效，是不如直接加入我軍正面上的兵力。

第二點是奇襲的精神效力，一般說來，一支前來重建戰鬥的增援兵力通常都能享奇襲之利。假使攻擊是在側翼上或背面上，而敵人又正在勝利的危機階段中，兵力已經完全分散和喪失秩序，不易於採取對抗行動時，則奇襲的效力也就往往更會提高。在會戰剛剛展開時，由於兵力已經集中並對於這種情形也有所準備，所以側翼或背面的攻擊也許還不會有太多重要性，但到了戰鬥的最後一分鐘時，其重量也就會大不相同。

所以我們必須立即承認在多數情況中，增援兵力趨向敵軍的側翼或後方時，也就比較最有效力。在此結果是無法計算的，因為精神力量占了完全的上風。這也正是發揮勇敢冒險精神的場所。

假使戰鬥不能算是已經結束，則由於援兵之到達而引起的新戰鬥也就會與前者混合在一起；所以也就趨向於一個共同的結果，而前者最初的不利也就完全從計算中消失了。但若戰鬥早已決定勝負，則情形也就完全不同，於是兩次的結果是彼此分開的。現在假定到達的援兵只有一種相當的實力，則僅憑其本身並非敵軍的對手，則從第二次戰鬥中也就很希望可以產生有利的結果。反之，若援兵是如此強大足以另行發動一次戰鬥而不必考慮第一次戰鬥的結果，則它可能獲得一次有利的結果以來抵銷甚或超過第一次戰鬥的結果，但卻仍然不能從總帳上將其完全勾銷。

但是若一個正在進行的不利會戰被控制住了，並且在其結束之前轉敗為勝，那麼其對我方的負結果不僅可以不必記於帳上，而且同時也變成了一次較大勝利的基礎。假使總結果是我方有利，假使我們能從敵人手中奪回戰場和一切戰利品，則他們原來所犧牲的一切兵力也就變成了我方的純淨收入，而我方以前的失敗也就變成了一次較大勝利的踏腳石。

所以，即令我們在兵力上享有決定性的優勢，能夠在第二次會戰中獲得比敵人在第一次會戰中所獲得的勝利更大，但往往還是不如阻止第一次會戰作不利的結束，因為那是比另行發動第二次會戰更為有利。

（摘自第四篇，第八章）

五、對戰鬥的相互同意

除非雙方同意，否則不會發生會戰；這個觀念也就構成一個決鬥（duel）的全部基礎，而歷史作家所使用的某一名詞，其根源也在此觀念中，這個名詞曾引起許多不正確和虛偽的觀念。

依照這些歷史作家的觀點，常常會有一位指揮官向另一位指揮官要求會戰而後者卻不接受此種要求。

但會戰卻是一種形式非常特殊的決鬥，其基礎不僅為雙方求戰的意願，那也就是同意，而且還有與會戰有關的目標，那又經常屬於一個較大的整體，後者又有屬於較高領域的政治目標和條件。所以彼此想克服對方的單純意願是已經降到附屬的地位，甚或本身已完全不存在，那只是一種從較高的意志傳送行動刺激的神經而已。

一位將軍若想用會戰來決定勝負，則任何力量也擋他不住。他可以找到他的敵人並向他進攻；假使他不這樣做，則也就表示他無心求戰。所以，說「他要求會戰而對方不接受」的說法實在完全是一種掩飾之詞。真正的事實是他認為環境對於會戰並不足夠有利，但又不便於作如此公開的承認。

誠然防禦方面是不能拒絕會戰，但他也還是可以用放棄陣地的方式來避免它，包括與那個陣地有關的任務在內。不過這對於攻擊方面也就無異於半個勝利，並且也就是在目前承認其優勢。

凡是不放棄其陣地的防禦者也就必須具有不惜一戰的決心，所以當他不受攻擊時，他也就必然會說他曾經向敵人提出會戰的要求而不曾被對方接受。

但反而言之，一個願意而又能夠退卻的防禦者是可能很不容易迫使他接受會戰。由於攻擊者從此種退卻中所能獲致的利益通常都是並非足夠的，而一種實質的勝利對於他又是一種迫切需要，所以對於少數幾種迫使對方接受會戰的手段通常都應該講求並加以巧妙的應用。

主要的手段就是首先包圍敵人使其不可能退卻，又或至少使其退卻變得那樣困難以至於反而不如接受會戰還要好些，其次則為奇襲他。

（摘自第四篇，第九章）

六、會　戰

何謂會戰？一種主力的鬥爭，但卻不是一種與次要目標有關的不重要行動，也不是一種當我們看到目標難於達到時就自動放棄的企圖：那是傾全力以求決定性勝利的鬥爭。

次要的目標也常和主要目標混雜在一起，而由於環境之不同，會戰也可以有不同等級的色彩，但因為戰爭本質就是鬥爭，而會戰又是主力的鬥爭，所以經常被認為是戰爭的真正重心，其與所有其他一切對抗行動不同的特性是其一切的安排和進行都是以獲得決定性勝利為唯一目的。

這對於其決定勝負的方式，對於其所獲勝利的效果，都具有影響作用。而且也決定作為一種達到目的的手段時所賦與它的理論之價值。因此我們把它當作我們特殊考慮的主題。

假使主要是為了其本身而發生會戰，則其決定因素也就應該包括在其本身之內；換言之，只要尚有可能性或希望之存在，也就必須繼續尋求勝利。所以，不應由於次要的原因而放棄會戰，只有當兵力似乎完全不夠時才可以如此。

然則這種精確的時機又應如何確定？

假使一個軍團的某種人工化的隊形（formation）和團結是一種主要條件，而只有在此種條件之下部隊才能發揮勇氣以求勝利。則此種隊形的破裂就是勝負的決定。譬如說一個側翼被擊潰了並與正面脫節即足以決定所有其餘兵力的命運。假使防禦的主旨即為兵力與所防守地形的密切結合，於是兵力和陣地也就變得不可分，所以在此陣地上攻占某一要點即足以決定勝負。

依照我們對於近代會戰性質的觀念，戰鬥序列（order of battle）不過是一種適合於其使用的兵力部署，而會戰的過程即為這些兵力彼此之間的相互緩慢消耗，並且要看是誰消耗得較快。**所以在會戰中比起在任何其他的戰鬥中，放棄戰鬥的決定是以尚可動用的預備隊之間的關係為根據**。因為這些兵力仍然還保持著其精神的旺盛。此外，地面的喪失也是精神喪失的一種表現，所以也應計入，不過那只是兵力損失的一種象徵而並非損失的本身，因此雙方指揮官所注意的要點經常還是新鮮預備隊的數量。

整個戰鬥的結果是由所有一切部分戰鬥之結果所綜合組成；但這些分別戰鬥的結果又是由不同的考慮來決定。

（一）是領導軍官內心裡的純粹精神力量。假使一位師長曾經看到他的各營被迫潰敗，那對於他的態度和他的報告一定會產生一種影響作用，而這又會間接影響到總司令的措施。

（二）我方部隊的較迅速消耗，那是可以很容易估計的。

（三）是所占地面的喪失。

所有這些事情都呈現在主將的眼前，好像一個羅盤足以指出會戰所趨的方向。

我們已經一再說明，勝負的最後決定大致都是由雙方最後所保留的新鮮預備隊的相對數量來決定；當指揮官看到其對方在這一方面是要比他享有一種決定性的優勢時，他也就會作下撤退的決定；反之如果指揮官根據情況判斷他自己尚享有預備隊的優勢，則他也就絕不會放棄其會戰。但從他的預備隊開始變得比其敵人為弱時，此種勝負的決定也就要算是已經定案，而現在他的行動一部分是基於當時的特殊環境，一部分則基於其個人所具有的勇氣和耐力，而這又往往會退化成為一個愚笨的頑固。一位指揮官如何能夠正確的估計目前雙方所保有的預備隊，那是一種巧妙的實用天才。作成一種決定時，其本身又需要某種特殊的立即性理由，其中最常見的主要理由之一即為退卻的危險。

假使會戰愈延長則退卻的危機也就愈大，假使預備隊是已經如此大量的減弱以至於不再適當，則除了向命運屈服以外即更無其他途徑可循。一個執行良好的退卻也許還能保全若干實力，反之若再拖延下去，則可能全軍覆沒（此外，當然也還有其他比較次要的理由）。

作為這一節的結論，我們應略論在這一點上指揮官的勇氣與其理智的交戰。

假使一方面，勝利者的驕氣，天然頑固精神的硬化意志，高貴感情的堅強抵抗使他們本應退卻時而不肯離去，而另一方面，理智卻認為不應作孤注一擲的冒險，而必須作有秩序的撤退。則不管我們對於戰爭中的勇敢和堅定給與以多高的評價，但若超過某一點時，堅忍卻還是只能稱之為絕望的愚行而不值得稱讚。

七、勝利的效果

（摘自第四篇，第十章）

在這裡也許有三件事是可以很容易的分別：（一）對於工具本身的效果，即對於將領和其軍隊的效果；（二）對於交戰各國所產生的效果；（三）這些效果在爾後的戰役過程中所造成的影響。

假使我們只想到勝利者與失敗者之間在戰場本身上的死傷、俘虜，和裝備的損失等方面是相差非常有限，而此種差異所產生的後果也就時常是無從察覺，但通常，一切事情都只是非常自然的發生。

我們早已說過，當戰敗的兵力數量增加時，勝利的規模並非僅只隨著被擊敗兵力的大小作成比例的增加，而是成級數的增加。一場大戰勝負分曉時所產生的精神效果，在失敗者方面是遠比在勝利者方面為大。所以我們必須特別重視的也就是此種精神效果。其主要的效果加在失敗者的身上，而新的損失也是以此為直接原因，此外，危險、疲倦、困難、一切戰爭中的險惡環境因素也都會助桀為虐。而勝利者在這樣的情況中就好像是如虎添翼，足以助長其勇氣。所以結果是失敗者從原有平衡線下降的程度是遠超過勝利者從該線上升的程度。因此，當我們說到勝利的效果時，通常都是專指在失敗者身上所表現出來的而言。

再說，在近代會戰中勝利所產生的精神效果也比在過去軍事史中所有者遠較巨大。假使前者（近代會戰）是一種真正的力量決鬥，則決定勝負的將是這些力量的總和，包括物質和精神都在內，而不是某種特殊的部署或純粹的機會。

避免重犯錯誤是可能的，而一個人也可以希望憑藉運氣和機會的好轉而在下一次能有所斬獲；但是精神和物質力量的總和卻不可能如此迅速的改變，所以一個勝利所已經決定的結果在將來似乎是有較大的重要性。

一個不曾親自經歷過大會戰失敗的人，是很難對這種情形獲得生動、真實的印象。這種或那種小型不利事件的抽象觀念是與一個失敗的會戰相差得太遠了。讓我們停一分鐘來看看這樣的畫面。

第一個在想像上產生印象的事情即為兵力的減少——我們也可以說，同時是產生在理解上；

然後即為地面的喪失，通常這多少是發生在受攻擊的方面，假使他又是失敗者的話；接著就是原始的隊形（部署）開始潰裂，而部隊則亂成一團。此時除少數的例外，退卻的危險也開始出現，其程度則或大或小不等。其次就是真正的撤退。在開始行動時就必須留下一批人來，這些人是注定要完全消耗和被粉碎，而他們往往又正是最勇敢的人員，他們在戰鬥中是居於最前列的地位而且苦撐的時間也最長久。失敗之感，本來還只是戰場上高級指揮官才有的，現在卻開始向各階層傳播，甚至於達到了一般的士卒；而被迫把許多勇敢的戰友留在敵人的手中更是一種可怕的觀念，足以增強此種失敗感，這些人在片刻之前在會戰中對於我們還是大有貢獻的。這樣也就會增強全軍對於主將的不信任，所有的部下都或多或少地認為他是指揮失當，應對失敗負責。此種失敗感是很難於想像，那是敵軍較優於我們的確證。這種事實的理由也許早已潛在但卻並未被發現，又或者是雖已有此種疑惑，但卻尚無確證，所以我們還想試試機會，碰碰運氣。現在，所有這些都已落空，我們必須面臨殘酷的現實。

當一支兵力落到這樣的地步，則作為是一種工具，那是已經被減弱了！假使已經減弱到了這樣的程度，則我們又如何可以希望它重整旗鼓，捲土重來呢？在會戰之前，雙方間是存在著一種真正的或假想的平衡；現在這種平衡已經喪失，所以必須要有某種外援始能重建。若無外援，則一切新的努力反而只會引起更多的損失。

所以，當主力軍團雖僅獲一種最溫和的勝利，但仍能產生一種促使對方在天平上繼續下沉的趨勢。直到有新的環境出現然後才能帶來變化。如果這種環境一時還不能出現，而勝利者又是一個戰志旺盛的對手，急於想獲得榮譽，並追求偉大的目標，則失敗的那一方必須要有第一流的指揮官，再加上經過多次戰役所磨練出來的真正軍事精神，然後才能使用小型而反覆的抵抗行動以來阻止勝利的狂瀾，並逐漸消磨勝利兵力的銳氣，而使其終於無法達成目標。

失敗的效力又超過軍隊而達到國家和政府！一切希望和一切自信都突然崩潰。這樣也就留下一個真空，由逐漸擴大的恐懼來加以填補，並終於造成完全的癱瘓。

此種勝利效力在戰爭本身的過程中所產生的後果一部分是依賴在勝利將領的性格和才能上，但更重要的卻是勝利所自出和所導致的環境。如果將領缺乏果敢進取的精神，則即令是最卓越的勝利也還是不能導致偉大的成功。

（摘自第四篇，第十一章）

八、會戰的使用

不管在特殊情況中，戰爭的進行是可以採取何種不同的形式，但我們對於戰爭的基本信念卻還是可以列舉如下：

（一）毀滅敵方的軍事力量為戰爭的首要原則，所有一切的積極行動都是直接指向這個目的。
（二）要想毀滅敵方的兵力，則必須以會戰為主要工具。
（三）只有偉大而全面的會戰始能產生偉大的結果。
（四）僅當一切的戰鬥都自動聯合成為一個偉大的會戰時，其結果才會是最大的。
（五）只有在一個偉大的會戰中，主將才親自指揮，而且自然的，他必須相信他自己遠過於其部下。

基於上述的這些真理，遂又可以獲致一種交互為用的雙重法則如下：敵軍兵力的毀滅通常是經由偉大（大規模）的會戰及其結果來完成；反而言之，偉大的會戰必須毀滅敵軍兵力為其主要目的。

毫無疑問，殲滅原則也多少可以在其他的工具中尋得——有時由於環境特別有利，在一個小型的戰鬥中，對於敵軍兵力所造成的毀滅也可以不成比例的巨大；而在另一方面，會戰也可能以攻占或據守某一單獨據點為主要目的——但作為一條普遍性的規律，會戰都僅是為了要毀滅敵軍而打的，而此種毀滅也僅只能用會戰來達成——上述兩點仍然是一種至高無上的真理。

所以，會戰可能被當作是戰爭的濃縮，也是整個戰爭或戰役的努力中心。

在所有一切戰爭中都多少是把兵力集中起來成為一個巨大的整體，並表示一種以全部兵力來作一個決定性打擊的意圖；或者是主動的採取攻勢，又或者先取守勢而再來發動反攻。假使不能形成這樣的打擊，則就會有一些限制的和延緩的動機出來減弱、改變，或完全制止此種行動。不過，即令在此種雙方不動的條件下，可能會戰的理想對於雙方仍經常是一種定向點，在他們計畫的結構中是一個遠距離焦點。戰爭愈激烈，則感情也愈強烈，於是雙方也就都會拚死決鬥，而會戰的重要性也隨之而提高。

概括的說，當所指向的目的是具有一種偉大和積極性質，換言之，也是與敵人的利益有極深切的關係，則會戰也就自動成為一種最自然的工具，同時也是最佳的工具。通常若是企圖避免決戰，則結果也就會受到懲罰。

積極目的是屬於攻擊方面，所以會戰也就是它的主要工具。不過我們必須注意，在多數情況中，甚至是防禦者，也還是沒有其他有效的工具足以應付其情況，和解決其問題。

會戰是流血最多的解決方式。誠然，那並非僅為相互屠殺，而其效果與其說是殺死敵軍的士兵，毋寧說是破壞敵軍的勇氣。不過，血液經常還是必須付出的代價，而屠殺則為其特性。從這裡人性也就在將領的心靈中隨著恐怖而畏縮。如果這種勝負的決定是由一個單獨的打擊所造成，則更可以使人類的靈魂感到戰慄。

所以，於是，政治家和軍人都曾經時常設法避免會戰和決定性會戰，企圖不用它以來達到他們的目的，又或是不自覺的放棄那個目的。歷史和理論的作家們也曾忙於在這些戰役中去發現某些其他的特點，認為那不僅是可以代替所已避免的決戰，而且甚至於更是一種較高級的藝術。這樣，他們幾乎是認為在戰爭中一個會戰要算是一種罪行，僅僅因為犯了某種錯誤，才使其變得有所需要，一個正規而慎重的戰爭計畫是絕不會導致這種後果。只有知道如何不流血而進行戰爭的將軍才應該受上賞，而戰爭理論——一種真正為婆羅門教徒而設想的事情——是專門用來教導這種戰法。

不僅戰爭的觀念如此，而經驗也同樣引導我們僅在偉大會戰中去尋求偉大的決定。自從遠古之時起，只有偉大的勝利才能使攻擊方面獲得絕對形式的偉大成功，而在防禦方面，其形態也多少能令人滿意。

讓我們不要聽信將軍們能夠不流血而獲勝。假使流血的屠殺是一種可怕的景象，則那只應構成一種理由使我們對於戰爭表示更多的尊敬，**而不應因此就容許人道的感情逐漸磨鈍我們的利劍。如果是這樣，則終於有一天會有他人持著利劍前來，砍斷我們的手臂**。

我們視一次偉大的會戰為一種主要的決定，但卻非認為一個戰爭或一個戰役所必須者即僅此而已。一次偉大會戰決定整個戰役的例證僅在近代才常見，而決定整個戰爭的偉大會戰則僅為一種稀有的例外。（編按：「戰爭」〔war〕、「戰役」〔campaign〕和「會戰」〔battle〕，是三個不同層次的概念；其中以「戰爭」的層次最高，如「第二次世界大戰」及「拿破崙戰爭」等；其次為「戰役」，如一九四一至一九四五年的「希特勒征俄之役」；層次最低者為「會戰」，如前述「征俄之役」中，即發生過「莫斯科」、「史達林格勒」、「卡爾可夫」等諸會戰。）

一次偉大會戰所帶來的決定自然並非依賴在會戰的本身上，那也就是說並非依賴在參加戰鬥的人員數量和所獲勝利的程度上，而是依賴在雙方兵力與雙方國家之間的許多其他關係上。同時，雙方的主力也都要作一次巨大的決鬥，同時也帶來一次巨大的決定，但卻仍然是第一個決定，並對其以後接踵而來的決定具有影響作用。所以一個故意計畫的偉大會戰，依照它的關係，經常就某種程度而言，是多少應視為整個系統中的主要工具和中心點。將軍愈是具有真正的軍事精神，愈是懷有必勝的信念，則他也愈會把所有一切的重量都投在第一次會戰的天平上，並希望經由這一戰而贏得所有一切的東西。

所以我們說，偉大會戰所帶來的決定是一部分依賴在會戰的本身上，那也就是依賴在參戰部隊的數量上，而另一部分則依賴在成功的分量上。

因此在戰爭中沒有任何東西會比偉大會戰更為重要，而如何準備工具，決定地點和時間，指導部隊，並對成功作良好的利用，也就足以顯示戰略能力的極致。

九、追　擊

（摘自第四篇，第十二章）

在任何可以想像的環境中，下述的事實都是正確的：若無追擊則任何勝利都不可能具有偉大的效果；同時無論勝利的過程是如何的短促，它經常必須超越追擊中的第一步。

對於一支被擊敗的敵軍所發動的追擊是從軍放棄戰鬥，離開其陣地時開始；凡是在此以前的一切行動都不屬於追擊而是屬於會戰的本身。通常在這個時候的勝利，即令是已經確定，但在比例上還是很弱小，若不在第一天用追擊來完成它，則不能算是具有任何偉大積極利益的事情。

通常雙方在這個時候，其物質力量是都已相當的殘破，因為在此以前的行動通常都是具有一種非常緊急情況的特徵。為了要作一次大規模的戰鬥，是要付出很大的成本，所以雙方是都已筋疲力盡，勝利方面在原有組織上所發生的潰散程度，比之失敗方面是高明不了多少，所以他們也需要時間來重組部隊，收集散兵，和補充新的彈藥。所有這些事情，誠如我們所早已說過的，會使勝利者本身進入一種危機狀況。假使現在被擊敗的兵力僅為敵軍的一部分，又或敵軍可以期待相當的增援，則勝利者也就顯然的很容易有為其勝利付出高昂代價的危險，而在這樣的情況之下，此種考慮也就會很快的使追擊告一段落，或至少使其受實質的限制。即令在不害怕敵人將獲強大增援時，勝利者在上述的環境中也會感覺到其追擊的活力將備受限制。尤其是在這個時候，全軍的整個重量，包括其缺乏和弱點在內，都有賴於指揮官的意志。在他指揮之下的幾萬人都需要休息和補充，都希望趕緊結束眼前的勞苦和危險。所有這些人的願望都一定會達到指揮官的心靈。而他本人也感到心力交瘁，其活力也多少是已經減弱，所以追擊往往是達不到理想的標準，這也就是為什麼許多將領在擴張勝果時往往表現猶豫態度的解釋。

第一階段的追擊通常不過就只是對敵人實施警戒和監視而已，並不能給與敵人以真正的壓迫，因為即令是最小的地形障礙通常都足夠阻止此種追擊。

第二階段的追擊是用一個由所有各種兵種混合組成的強大前衛兵力來執行。這樣的追擊通常是可以把敵軍趕到其後衛所能據守的最近堅強陣地，或能對其全軍提供空間的次一陣地為止。不過，通常敵人不一定能夠立即找到這樣的陣地，所以追擊也就可以再進一步。

第三階段的追擊也就是最後和最猛烈的追擊。此時獲勝的全軍都繼續前進直到其體力所能忍耐的程度為止。

整個追擊行動都是以戰術性為主，我們在這裡談到它只是為了說明透過它可能在勝利的效果上產生的差異。

勝利的價值主要是由執行立即追擊的活力來決定。但更進一步，勝利的效果是很少終止於立即的追擊；相反地，勝利的路徑從這時起才真正地展開。在以後各階段的追擊中，我們又可以分為三種不同的程度：單純的追擊，加緊的尾隨追擊，和以切斷敵人退路為目的的平行追擊。

單純尾追可以使敵軍繼續撤退，直到他甘願冒險再戰時為止。所以其效力是足夠耗盡敵軍所已獲的一切利益，此外，凡是敵人所不能帶走的東西也都會落在我們的手中。但僅是跟在敵人後面走是並不足以加重敵軍的崩潰，那種效果是由下述兩種原因所造成。

假使我們不以接收敵軍所自願放棄的地面為滿足，而每天都準備要多進展一點，對於我們的前衛也應基於此種目的來加以組織，於是每當敵軍後衛想要停止時也就會受到我軍的攻擊，這樣就能加速其撤退，並加速其組織的潰散——此即所謂加緊追擊。在這樣的情形之下，敵人不是連續的退卻而是連續的潰逃。每當其部隊經過一天強行軍之後而正想停下來休息一下時，又突然在此時聽到我方的隆隆砲聲，那對於敵軍士氣上的打擊是可以說更無出其右者；若是這樣驚慌的刺激連續天天發生達相當長久的時間，則將會導致完全的崩潰。這好像是承認一切都必須服從敵人的支配，和自己已經不配作任何抵抗，此種意識當然會使軍隊的士氣受到高度的減弱。

最後還有第三種最有效的追擊形式，即對敵軍退卻的立即目標作平行的追擊。

任何已被擊敗的軍隊在其後方總一定有某一點是其所立即想要達到的。若不能達到這一點，則以後進一步的撤退可能就會更困難，又或這一點本身有其重要性，例如大城、補給基地等，所以必須趕在敵人之前到達；最後，這退卻的兵力到達這一點之後，他們也就可能獲得新的防禦力量，例如堅強陣地，或與其他兵力會合。

現在假使勝利者採取一條平行的道路也直向這一點前進，則很顯然那是足以促使失敗者加速其撤退，於是也就會使其變成一種潰逃。失敗者對於此種平行追擊只有三種不同的對策。第一是集中兵力擋在敵軍的前頭，以來作一次意想不到的攻擊，這樣也許可以轉敗為勝。不過這必須假定有一位果敢英勇的將領，和一支優秀的軍隊，雖然受挫但卻並未完全失敗；所以一支被擊敗的軍隊能採取這種對策的是非常的稀少。

第二種對策即為加速退卻的速度，但這也正是勝利者所希望的，因為那很容易使部隊感到驚慌失措，於是也就會造成巨大的損失，包括落伍的人員和丟棄的各種裝備都在內。

第三種方法就是採取一種迂迴的路線，繞過對方最近的攔截點，由於距離敵人較遠，所以行軍也就可以較輕鬆，並且損失也似乎可以較少。但最後這一種方式卻又正是三種對策中最壞的一種。其採取通常又並非是由於相信這是達到目的的最確實途徑，而是另有一種不應允許其存在的動機——這也就是害怕和敵人遭遇的動機！凡懷有此種動機的指揮官都是該死！不管其軍隊的士氣已經頹喪到了何種程度，**不管他認為不利於和敵人衝突的判斷是如何的有理，但若過分汲汲於避免一切可能衝突的危險，則結果只會變得更壞**。所以應盡量利用有慎重準備和執行的小型戰鬥以來阻止敵軍的追擊，在此種戰鬥中失敗的軍隊是採取守勢，並經常可獲地利之助——正由於採取這樣的行動，軍隊的精神力量才可以首先恢復。

不過我們在此必須聲明，我們所說的是一個完整的軍團，而並非一個單獨的師，在被切斷後，企圖繞道以求與主力會合；在那種情形之下環境是完全不同，所以成功也是常有的。

這樣的平行追擊對於追擊者也並非完全沒有困難。假使敵人是向另一支相當巨大的兵力會合，假使它是受到一位優異將才的領導，假使其所受損失並不太大，則都不宜於採取此種追擊方式。但如果可以採取這種手段，則它的作用就會像一種巨大的機器一樣。被擊敗的一方由於病患和疲倦所受到的損失是會大到如此的不成比例，由於經常害怕全軍覆沒就在眼前，所以軍隊的精神是會如此的減弱和低落，終至於任何有良好組織的抵抗都將變得不可能；每一天都將不戰而有幾千名俘虜落入敵軍的手中。在如此完全的好運之下，勝利者可以毫不猶豫的分散其兵力以來把其所能達到的東西都一網打盡，他可以切斷敵人的支隊，攻占無防禦準備的要塞，占領大型的城鎮等等。他可以為所欲為直到一個新階段的開始，**而當他在採取這種行動時愈敢於冒險，則在此種變化發生之前的時間也就可以愈長**。

（摘自第四篇，第十三章）

十、會戰失敗後的退卻

在一次輸掉了的會戰中，一個軍團的力量被擊破了，而精神方面的損失程度是更大於物質方面。除非新的有利環境出現，否則再作第二次會戰就只會導致完全失敗，甚至於全軍覆沒。這是一條軍事學的公理。依照一般的過程，退卻是會繼續到兵力平衡恢復之點為止；此種平衡之恢復或由於增援的來到，或由於堅強要塞的保護，或由於地形所提供的強大防禦陣地，或由於敵軍兵力的分散。所受損失的大小，失敗的程度，而尤其是敵人的性格，都可以使這種平衡的恢復提早或延遲。下述的情形也是常有的：儘管環境並無顯著的改變，一支被擊敗的兵力仍能在短距離之內重整旗鼓。其原因或者是由於對方精神上具有弱點，或者是由於敵軍在會戰中所獲得的優勢不足以產生持久的效果。

應利用敵軍的此種弱點或錯誤，除了由於環境的壓迫萬不得已之外不應多放棄一寸土地，而尤其重要的是一切足以增強我方精神力量的行動都是絕對需要，例如：緩慢的撤退，猛烈的抵抗，和當敵人企圖獲致任何過分的利益時，應對其作英勇果敢的反擊。

如果有人以為在開始退卻時作幾個快速的行軍，將會比較易於重獲穩定的立足點，那實在是大錯而特錯。**最初的運動應盡可能縮小，而一個普遍的原則即為不要讓我們的行動受到敵人的支配**。要想實踐此一原則，則也就必須和跟在我們後面尾追的敵軍作浴血的苦戰。但此種犧牲卻是值得的。如果不作這樣的犧牲，則我們就會被迫加速退卻，不久就會變成拚命的奔逃，於是所喪失的人力會比一次後衛戰所犧牲的還要多，而且這樣也就會使最後殘餘的抵抗精神都完全消滅。

一個由精兵所組成的強大後衛，由最勇敢的將領指揮，並在緊要關頭上受到全軍的支援，對於地形作慎重的利用，當敵方前衛的果敢和地形提供機會時，應用埋伏的兵力發動強力的奇襲；簡言之，即為正規小型會戰的準備和運用——此即為遵從此項原則的手段。

某些軍事作家曾經主張用個別的師來撤退，甚或採取離心的方式。假使僅只是為了方便而這樣分散兵力，並經常保持著集中行動的可能性，則那是可以容許的；任何其他種類則將是極端的危險。**一切在會戰中的失敗會帶來減弱和喪失組織的現象，所以第一需要就是集中，而只有集中才能恢復秩序、勇氣和信心。**所以當敵人乘勝追擊時，分散兵力從兩側反攻的理想並非一種良好的構想。假使會戰之後的環境要求我們必須分派兵力以來掩護左右翼，那當然只好照辦，但此種兵力的分散必須經常視之為惡事。

第六章　防禦

一、攻擊與防禦

（摘自第六篇，第一章）

在觀念中何謂防禦？即為擋開一個打擊。然則其特徵為何？即為期待狀態（或對於此種打擊的等待）。我們經常是根據此種特徵以來確定某種行為是否具有防禦性，並且只有根據這種特徵才能在戰爭中分別攻擊與防禦的差異。但由於一種絕對防禦是完全和戰爭的本義衝突，因為如果是那樣則戰爭就只會由一方面來進行，所以在戰爭中防禦只可能是相對的，而上述的特徵也只能應用在基本或概括觀念上，它並不能應用於所有一切構成戰爭的個別行動上。……但假使我們這一方面也還是真正的在進行戰爭，則我們也就必須回報敵人的打擊，所以此種在防禦戰爭中的攻擊行動也多少都是在防禦的總標題之下進行。……所以我們在一個防禦戰役中可以作攻擊的戰鬥，在一個防禦會戰中我們也可能為攻擊的目的使用某幾個師；最後，當留在陣地中等待敵人的突擊時，我們仍然同時還是可以向敵軍發射子彈以來採取攻擊行動。因此在戰爭中的防禦形式不僅是一種防盾，而且是一種用巧妙的打擊來構成的防盾。

什麼是防禦的目的？就是保持（preserve）。保持是較易於獲得（acquire）；由此我們也就可以立即得知，如果雙方的工具相等，則防禦是較易於攻擊。但是保持或繼續占有的較大便利在於何處？它是在其並未播種的地方收穫。無論是或由於錯誤的觀點，或由於恐懼，又或由於怠惰，只要攻擊行動暫停即屬對於防禦方面有利。

雖然一般言之，防禦是較易於攻擊；但由於防禦只具有一種消極目的，即為**保持**，而攻擊則具有一種積極目的，即為**征服**，又由於後者可以增加我們自己進行戰爭的工具，而前者則否，所以為了使我們自己的意見有很明白的表達，我們必須說，**戰爭的防禦形式就其本身而言較強於攻擊**。

假使防禦是一種較強的進行戰爭方式，但卻有一種消極目的，因此僅當我們的弱點迫使我們這樣做時，我們才會使用它，而一旦當我們感覺到自己已經有足夠的強度可以追求積極目的時，則也就應該立即放棄防禦。由於通常憑藉防禦的協助往往可以獲勝，而使我方的態勢改進，所以戰爭的自然發展時常會以防禦開始而以攻擊結束。所以，這又與認為防禦為其最後目的的戰爭觀念相衝突，也正像認為防禦的消極本質不僅是藏在其整體中，而且也藏在其所有的各部分中一樣地矛盾。換言之，在一個戰爭中若勝利是僅只用來擋開打擊，而且也毫無還擊的企圖，則正像認為在一個會戰中所有一切措施都應受到最絕對防禦（消極）觀念支配是同樣的荒謬。

在確定了防禦的真義，和確定了它的界線之後，我們遂又要再回到防禦為戰爭的較強形式的觀念。

我們應注意到我們所面臨的矛盾，以及經驗所指明的事實真相。假使攻擊是一種較強的形式，則防禦也就會永無使用的機會，因為它只有一種消極目的，換言之，每一個人都只會攻而不守，於是防禦也就成為一種荒謬的行為。……但我們從經驗上看來，這種事都是未之聞也。一般的情形都是兵力較弱時則採取守勢，而兵力較強時則採取攻擊。這可以證明儘管將軍們的本性是在促使他們發動攻擊，但卻仍然認定防禦為較強的戰爭形式。

（摘自第六篇，第二章）

二、在戰術中的關係

我們必須研究在會戰中導致勝利的因素。關於數量優勢，以及勇氣、紀律，或其他軍隊的素質，我們在這裡都不擬加以討論，因為照理來說，這些因素所依賴的事務都是不在我們現在所要考慮的戰爭藝術範圍之內；此外，它們對於攻守雙方也都會產生同樣的效力，而尤其是全面的數量優勢更不應在考慮之外，因為部隊的數字是一種給與的（既定的）數量或條件，而不是將軍們所可隨意改變。更進一步說，這些事物與攻擊和防禦也均無特殊關係。但除了這些事物以外，卻又另有三件東西照我們看來似乎是具有決定重要性。那就是：（一）**奇襲**，（二）**地利**，（三）**來自幾個方面的攻擊**（**即「向心攻擊」**）。奇襲所生的效果是使敵人在某一特殊點上所遭遇到的我軍數量遠超過其所期待的數字。此種數字上的優勢與全面的數字優勢是大不相同，那也是戰爭藝術中最強有力的工具。

地利對於勝利的貢獻是不必解釋即可明瞭，即令是極平凡的地形，如果某人對於當地情形特別熟悉，則也還是可以有所裨益。所謂來自幾個方面的攻擊，在其本身中又包括所有一切大小戰術迂迴運動在內，而其效果是一部分出自火器可以作加倍的使用，一部分由於敵人害怕其退路之被切斷。

然則攻擊和防禦在對這些因素的關係上又各有何種利弊？

在分析了上述三項勝利的原則之後，對於這個問題的答案是：只有第一和第三兩項的一小部分是有利於攻擊，而它們的大部分以及第二項的全部則都是有利於防禦。

攻擊方面只可能擁有以全力實施襲擊的利益；而防禦方面則在其全部戰鬥過程中，則可利用攻擊者所實施之各個部分性攻擊的兵力和形式，而連續獲得多次的奇襲利益。

攻擊方面要比防禦方面較便於包圍和切斷對方的全部兵力，因為後者是居於一種固定的位置，而前者則處於一種運動的狀態。但攻擊方面在包圍行動中所占的利益又還是只限於全體而言；**因為誠如我們早已說過的，防禦者比較便於利用攻擊者攻擊的兵力和形式來實施奇襲**。

防禦是特別易於享受地利，那是顯而易見的事實，為什麼說防禦者容易利用攻擊者攻擊的兵力和形式來獲致奇襲功效，其原因即為攻擊者被迫必須採取很易受到對方監視的進路，而防禦者則可以掩蔽其陣地，幾乎不到決定性的時刻，是不會為其對方所發現。

三、在戰略中的關係

（摘自第六篇，第三章）

戰略成功是戰術勝利的成功準備；此種戰略成功愈大，則會戰中勝利的機會也就愈大。反而言之，戰略成功的基礎又為對已獲勝利的利用。對於會戰所經動搖其基礎的敵軍殘部，戰略若愈能加以擴張，則其成功也就會愈大。那些主要的足以導致此種成功的事物，或至少是足以便利此種成功的事物，也就是在戰略中採取有效率行動的主要原則，那可以列舉如下：

（一）地利。

（二）奇襲，或為一種突如其來的實際攻擊，或為在某些點上部署對方意想不到的巨大兵力。

（三）來自幾個方面的攻擊（向心攻擊）。

（四）要塞，以及屬於它們的一切事物，對戰場的幫助。

（五）人民的支持。

（六）偉大精神力量的利用。

現在，攻擊和防禦與這些事物的關係又是什麼？

防禦者享有地利。攻擊者無論在戰略和戰術中都享有奇襲之利。在戰術中，一種奇襲是很少能導致偉大的勝利，但在戰略中往往一擊之下即能結束戰爭。但同時我們必須注意對於此種工具的利用，又要先假定對方已經犯了若干巨大和不尋常，甚至於是具有決定性的錯誤，所以它並不能使平衡變得對攻擊大為有利。

在側面和背面上的攻擊，在戰略中其意義也就是對整個戰場的側面和背面發動攻擊，那與戰術中同樣稱謂的攻擊在性質上是大不相同。

由於在戰略中的空間較大，所以包圍攻擊，或從幾個方面發動的攻擊，通常只有享有主動的方面才能獲致，那也就是指攻擊方面而言。至於防禦方面，雖在戰術中也可能採取這樣的行動，但在戰略中卻缺乏此種可能，因為他很難使其兵力的調動獲得必要的縱深，或使他們獲得足夠的掩蔽。

第四項原則，即戰場的幫助，那自然是有利於防禦方面。假使攻擊軍揭開戰役的序幕，它也就必須衝出其自己的戰場，於是它也就會受到減弱，而把要塞和一切種類的補給基地留在它的後面。所要通過的作戰地區愈大，則減弱的程度也就愈大；反之在防禦方面的兵力卻繼續保持其與一切事物的聯繫，換言之，它享有其要塞的支援，不受任何減弱，而且也接近其補給來源。

作為第五種原則的人民支援並非在所有一切的防禦中都會實現，因為防禦戰術也可能會在敵國中進行，不過此種原則卻還是發源於防禦觀念，而且在大多數防禦情況中也都能適用。此外，其主要的意義也包括著最後預備兵力的召集（雖並非毫無例外）。這種行動的結果是一切摩擦都將減少，所有的資源也會比較迅速而充分的動員。

僅在我們自己國土上採取防禦行動時，才能獲得第四和第五兩條利益，若是在敵國領土中採取防禦行動，而且又與攻擊行動混合在一起時，則此種利益也就會大形減弱。於是我們遂又可以發現對於第三條原則，攻擊也另有一種新的不利；因為攻擊者能活用的兵力不多，而防禦者只需擋開打擊即可；所以每一個攻擊若不能直接導致和平，則必然會以防禦為其結束。

我們已有足夠的理由認為防禦是一種比攻擊較強的戰爭形式，不過還有一項小因素未曾論及。一種高度的精神，一種發自內心的優越感，是屬於攻擊方面。而這種感情又與較普通和較強大的感情合而為一，後者是來自勝負的影響，和將領的才能（這是對攻擊比較有利的）。

（摘自第六篇，第五章）

四、戰略防禦的特性

即令戰爭的意圖僅為維持現狀，但僅只抵擋打擊，也多少還是與戰爭此一名詞的觀念相矛盾，因為戰爭的行動毫無疑問絕非僅為一種忍耐的狀況而已。假使防禦者已經獲得一種重要利益，則防禦形式也就已經完成了其任務，而在此種成功的保護之下，他也就必須還擊，否則他也就無異於將其本身暴露在必然的毀滅之下；常識指出打鐵應該趁熱，所以我們應利用所已獲得的利益以來阻止敵人的第二次攻擊。不過此種反攻應如何、何時，和在何處發動，則又必然受到一些其他條件的限制。……**我們必須經常認為此種攻擊的移轉實為防禦的一種自然趨勢，所以也是防禦的一個必要因素**，假使透過防禦形式所獲得的勝利不曾作任何良好的利用，而容許其自動消失，則對於戰爭的管理也就是犯了錯誤。

一個迅速而猛烈的反攻——復仇的利劍——即為防禦中最卓越之點；假使一個人在正確的時機不立即想到它，又或從開始起就不曾把這種轉移包括在其防禦觀念之內，那麼他也就永遠不會了解防禦作為一種戰爭形式的優點；他的一切思想都僅只考慮到攻擊方面的優點。更進一步說，假使在攻擊這個名詞之下，我們經常了解其具有突擊或奇襲的意義；而在防禦那個名詞之下，所想像的就僅為窘迫和混亂，則這對於思想也是一種荒謬的錯誤。

誠然一位征服者（攻擊者）作成其進入戰爭的決心是要比無知覺的防禦者較為迅速，而且假使他知道如何對其所採措施作適當的保密，則他同時也許能使防禦者受到奇襲；但那卻是與戰爭本身幾乎完全無關的事情。……實際上是為防禦而非為征服才會發生戰爭，因為侵入只是招致抵抗，而必須有了抵抗然後才有戰爭。征服者經常是和平的愛好者；他很願意兵不血刃的進入我們的國家；為了阻止這種情形發生，我們必須選擇戰爭，所以也就必須作準備。……弱者也就正是必須自衛的一邊，必須經常保持戒備以防為奇襲所乘。

此外，那一方面在戰場上較早出現，在多數情況中，也與攻守的觀念無關。但雖然攻守的觀念並非原因，卻常是此種出現先後的結果。那一方面先準備就緒，而且奇襲之利是夠大的，則他也就會首先發動攻擊；反之，後完成準備的方面就只有利用防禦的優點以來對威脅他的那些弱點作某種程度的抵補。

理想中的防禦是所有一切工具都有充分的準備，其兵力是適合於和習慣於戰爭，其將領並非在一種焦急不安的情緒之下等待敵人的進攻，而是基於其本身的自由選擇，和保持著冷靜的心靈，其忠貞的人民也並不畏懼敵人。**在這樣的情形之下，攻擊絕不可以藐視防禦，而攻擊也似乎並非一種容易而確實的戰爭形式；只有那些思想模糊的人才會有如此的想法**，他們在攻擊中所看見的僅為勇氣、意志的力量，和精力，而在防禦中所看見的僅為疲軟和鬆懈。

（摘自第六篇，第七章）

五、相互作用與反作用

我們現在就要對攻擊和防禦作分別的考慮，只要它們是可以分開的時候，我們也就會盡量如此。基於下述的理由我們先從防禦方面開始。誠然那是非常的自然和需要把攻擊的規律作為防禦的規律的基礎，或把防禦的規律當作攻擊的規律的基礎；但假使整個思想連鎖要有一個起點，則二者之一仍必須有一個第三出發點。第一個問題就是與這一點有關。

假使我們從哲學的觀點來思考戰爭的起點。戰爭的觀念並非發源於攻擊，因為那種形式是並非以戰鬥為其絕對目標，而是以占有某種東西為絕對目標。戰爭的觀念是首先由防禦來提出，因為那種形式是以戰鬥為其直接目標，因為阻擋與戰鬥實際上是二而一，一而二也。阻擋是完全針對著攻擊，所以也必須假定有攻擊之存在；但攻擊並非以對付阻擋為目的，而是指向於其他的目標——即占有，所以它並不假定一定會遭遇阻擋。所以，基於事物自然之理，首先把戰爭因素用之於行動的方面，首先根據其自己的觀點設想有兩個對立實體同時存在的方面，也就同時建立戰爭的第一套法則，而這個方面即為防禦者。我們所說的並非任何個別的情況；我們所分析的僅為一種概括的，一種抽象的情況，那是理論為了決定其所採取的途徑而作成的想像。

防禦者必須有行動的動機，即令當他對於攻擊的意圖毫無所知時也仍然如此；而此種行動動機又必須決定戰鬥工具的組織。反而言之，當攻擊者還不知道其對方的計畫時，則對於他也就沒有行動的動機，即無使用其軍事工具的理由。他所能做的事情就不過是帶著這些工具一同走而已，那也就是使用他的軍隊去占領。事實上，帶著戰爭工具一同走並非使用它，雖然攻擊者通常都是假定有使用的可能，但嚴格說來，卻並非已確定要採取任何戰爭行動。反而言之，防禦者不僅已經收拾了他的戰爭工具，而且更已基於備戰的觀點來展開其部署，所以他也就是首先採取真正符合戰爭觀念的行動。

現在第二個問題是：當防禦者尚未考慮到攻擊本身之前，就理論而言，在其心中所首先出現的動機是什麼？很明顯，防禦是為了對抗敵人以占有為目的的前進，所以在理論中我們必須使此種前進和土地（國家）發生聯繫，於是遂產生第一種最普遍的防禦措施。

（摘自第六篇，第八及第九兩章）

六、防禦的方法

防禦的觀念即為阻擋；在此種阻擋中又位置著期待的狀態（The State of Expectance），而我們也就認為此種期待的狀態就是防禦的主要特徵，同時也是其主要優點（利益）。

但是防禦在戰爭中不可能是一種忍耐的狀態，所以此種期待的狀態只是一種相對的，而非絕對的狀態；其所等待的目標，就空間而言，是或為國家，或為戰場，或為陣地；就時間而言，是或為戰爭，或為戰役，或為會戰。

所以，一個對國家的防禦是只能等待至國家遭受攻擊時；一個對戰場的防禦只能等待至戰場遭受攻擊時；而一個對陣地的防禦則只能等待至陣地遭受攻擊時。

戰爭、戰役，和會戰的觀念，是與時間相關，並且分別配合國家，戰場和陣地的觀念。

所以，防禦是由兩個部分混合組成：一為期待的狀態，另一為行動的狀態。但是一種防禦行動，尤其是一種相當巨大的防禦行動，例如一個戰役或整個戰爭，就時間而言，並非一分為二，一半是僅只期待的狀態，另一半完全是行動的狀態；它是一種二者之間的交替狀態，並且在其中期待的狀態是像一條連續的線貫穿著全部的防禦行動。

就目前而言，我們要解釋期待狀態的原則如何貫穿防禦的行動，和在防禦本身中什麼是發源於此種狀態的連續階段。

我們將以一個戰場（theatre of war）的防禦為主題，在其中我們可以對防禦的關係作最佳的說明。

如果我們假定一個軍團在其戰場中以防禦為意圖，則防禦可能有下述幾種不同的方式：

一、當敵人進入戰場時，即向其發動攻擊。

二、在接近邊境的地方占領陣地，以來等待敵人帶著攻擊該陣地的意圖出現，然後再向其發動攻擊。很明顯在第二種情況中，要有較大的耐性，我們等待的時間可能較長；雖然所獲得的時間，比起第一種情況中所獲得的，也許長得極為有限，而且如果敵人實際進攻，則可能會毫無所獲。儘管如此，在第一種情況中，戰鬥是必然會發生，而在第二種情況中，則比較不那樣確定，也許敵人不能作下其攻擊的決心，所以「等待」的利益還是較大。

三、嚴陣以待的我軍，不僅要等待敵人表現其攻擊的決心，那也就是在陣地前出現，而且還要等待其實際進攻。在這樣的情況中，我們是打一種正規的防禦戰，不過誠如我們在前面所已經講過的，其中仍可能包括軍團的一部分或多部分所作的攻擊行動在內。同時，也像第二種情況一樣，時間的收穫並不重要，但敵人的決心卻要受到一次新的考驗；有許多人本來是想勇往直前去進攻，但在最後一分鐘，卻發現敵人的陣地實在太堅強，遂自動放棄，又或在一次突擊之後即知難而退。

四、這個軍團將其防禦轉移到國家的心臟地區。此種向內地的退卻，其目的是為了要減弱敵軍的實力，並且等待此種減弱現象發揮效力使其前進自動停止，又或至少到了那時他就已經不再能克服我軍的抵抗。

向內地的退卻可能使防禦者逐漸獲得必要的平衡，又或其在邊界上所缺乏的優勢。因為在戰略攻擊中的每一前進行動都會減弱攻擊兵力，一部分是絕對損失，一部分是由於必須分散兵力之所致。

在第四種情況中，時間的獲致變成一種主要的考慮。假使攻擊軍團攻我們的要塞，則我們可以贏得直到它們將要陷落時為止的時間。

除了在攻擊者前進達到最大極限時所造成攻守兵力關係的變化以外，防禦者又還因為「等待」的狀態而獲得了更多的額外利益。雖然攻擊者在此種前進中未必就會使其兵力減弱到那樣的程度，以至於到停止前進時已經不配攻擊我方的主力，但當他要想發動攻擊時，卻又還是需要一種比在邊界上時還更較巨大的決心。因為一方面，他的兵力已經減弱，戰志也已經消沉，危險也已經隨之而增大；另一方面，占領了這樣一大片土地，也可以使一個不堅決的指揮官感覺到毋需再戰了——也許他的確相信是這樣，也許他只是以此為藉口。假使攻擊者拒絕進攻，則防禦者固然無利可圖，但在時間上仍然是一種巨大收穫。

很明顯，在以上所列舉的四種方法，防禦者是享有地利，同時也可以利用其要塞和人民的合作；此外，這些有效的原則當防禦每進入一個新的階段時也就會隨之而增強，因為它們是在第四階段減弱敵方兵力的主要手段。現在由於「期待狀態」的利益是在同一方向上增加，所以這些階段可以視為一種對防禦的真正增強，而此種戰爭形式與攻擊的差異愈大，則在力量上的收穫也就愈大。我們並非認為最消極（被動）的防禦也就是最好的防禦。在每一個新階段，抵抗行動不會減弱，它只是延遲（delayed）和推後（postponed）。不過若認為在一個堅強陣地中可以作較堅強的抵抗，同時當敵人對著這樣的陣地無效果的消耗其實力時，則對他也就愈易於發動較有效的反攻，那當然絕非不合理的言論。

所以我們可以說，在每一個新的階段，有利於防禦的相對優勢都會逐步增大，所以其反攻的力量也會隨之而增大。

然則當防禦者在實力上獲得增強時是否不需付出任何代價？絕非如此，為了換取此種利益，其所應作的犧牲也會以同樣的比例增加。

假使我們在自己的戰場之內等待敵人，不管決戰之地距離我們的邊界是如何近，但只要是容許敵軍入境，則對於我方即為一種犧牲；反之，如果是由我方進攻，則此種不利也就會落在敵人身上。其次，假使我們想作防禦戰，則我們也就把會戰與否的決定權和時間的選擇權都留給敵人，他也許會占領其所已獲得的土地達相當長久的時間而不求戰，這樣我們雖然也獲得猶豫時間之利，但付出代價的又還是我們。假使再向國家的心臟地區退卻，則所要作的犧牲也就可能還會更大。

不過防禦方面所作的一切犧牲，對於其軍事力量最多只會產生一種間接的減弱作用，而且就眼前來說，其作用是那樣的間接，所以甚至於很難感覺到它的效力。**因此總而言之，防禦者是犧牲將來以增強其目前的實力**。

假使我們現在進一步研究這些不同防禦形式的結果，則我們必須首先注意到侵略的目標。這也就是要想占領我們的戰場，或至少，其中的一個重要部分。……只要侵略者未能達到這個目標，那或者是由於害怕我軍而不敢進入戰場，又或者是不敢接受我方的挑戰，但不管怎樣，防禦的目的都要算是已經達到，而防禦者所採取的任何措施也都算是已經成功。同時此種結果又僅為一種消極性的（負的），因為顯然它不能直接給與防禦者以一種真正的反攻力量。但它卻可能有間接的貢獻，因為它使侵略者蒙受時間上的損失。時間損失愈大，則侵略者也就愈不利。

所以，在防禦的前三個階段，那也就是在邊界上實施防禦，**不決戰（non-decision）的本身即已為一種有利於防禦的結果。**

但在第四個階段中則並非如此。我們必須採取積極行動以來決定勝負。

假使敵人跟著我們進入國家的內地，則我們有較多的時間，我們可以等待敵軍的實力減弱到其極限，但最後我們卻還是必須採取行動。敵人現在也許已經占領了作為其侵略目標的全部土地，但那只是暫借給他；緊張關係仍繼續存在，勝負之機仍懸而未決。只要防禦者實力日益增強，而侵略者實力日益減弱，則決戰的延緩還是有利於前者；但一旦當此種逐漸增大的利益已經達到其極點時，則防禦者也就必須立即採取行動以求了斷，因為再等下去則可能會轉為不利了。

所以，當敵人已成強弩之末時，經常還是要靠我們的反攻才能使敵人退卻，而達到還我河山的目的。儘管如此，這種解決與在邊界上的解決，其間仍然存在著一種巨大的差異。

在邊界上的情況中，阻止敵軍前進和擊毀其兵力都是我軍的功勞；但在敵軍已經深入之後時，由於其本身的消耗，敵軍是早已自毀了一半，所以我軍的反攻雖仍有功，但其價值卻不相同，因為他們並非產生解決的唯一工具。

因此我們可以說在防禦中有一種雙重的解決，所以也就是兩種不同的反應，那是依照下述兩種不同的情況而定：**或者侵略者是為防禦之劍所擊敗，又或者是為本身的努力所擊敗**。

第一種解決支配著防禦的前三個步驟，而第二種解決則支配著第四個步驟，那是已經毋需解釋即可了然。而後者在多數情況中，都是必須首先要向本國的心臟地區作深入的撤退，此種撤退也必須以巨大的犧牲為成本，僅由於有這種可以重創敵人的機會，才能對於此種退卻構成足夠的動機。所以，我們已經確認有兩種不同的防禦原則。

假使在軍事史中我們很少發現防禦會戰能產生偉大的勝利，像攻擊所生的一樣，這並不足以否定兩種形式都同樣足以產生勝利的判斷，真正的原因是在於對於防禦者非常不同的關係。凡是採取防禦行動的軍隊通常都是雙方中較弱的一邊，不僅是在兵力數量方面，而且在所有一切其他方面也莫不皆然。所以他們或者是，又或者自以為，其本身無力擴張勝利以來獲致偉大的勝果，因此也就會僅以解除危險和避免失敗為滿足。雖然防禦者往往兵力較弱和受到其他環境的限制實乃不可否認之事實，但若因此即假定會戰只應限於阻擋敵人的攻擊，而不應以毀滅敵軍為目的，則又還是荒謬之論。我們認為這是一種主觀錯誤，往往被誤認為是事理之常。我們應毫無保留的斷言，在我們所謂防禦的戰爭形式中，不僅是獲得勝利的機會可能較大，而且其大小和效力也不會比在攻擊中較差。只要不缺乏兵力和精力，則在戰役和會戰中都可能如此。

七、重　心

（摘自第六篇，第二十七章）

依照我們的觀念，防禦不過就是一種較強的戰爭形式。保存我們自己的兵力和毀滅敵人的兵力——一言以蔽之曰，即為**勝利**——是此種競爭的目的，但同時又並非其最後目的。

那個目的是我們自己政治組織（國家）的保存和敵人政治組織的屈服，換言之，即為**合於所願的和平**，因為只有這樣才能使衝突結束。

敵人方面與戰爭有關的因素是什麼？是重要的是其軍事力量，然後才是其領土，不過同時也還有許多其他的事物，在特殊環境中，可能獲得支配的重要性。其中最首要者即為國際及國內的政治關係，有時會比任何其他因素更具有決定性。雖然軍事力量與領土並非國家的本身，但此二者往往特別重要，超過所有其他因素。軍事力量是用來保護國家的領土，或征服敵人的領土；而領土則經常不斷的培養和補充軍事力量。所以，二者是彼此依賴，相互支援，而具有同等重要性。但是在它們的相互關係中仍然有一種差異。假使軍事力量被擊毀，那也就是完全失敗，以至於不能再作抵抗，於是領土的喪失也就會成為自然的後果；但反而言之，當國家的領土縱然受到敵人征服，其軍事力量卻不一定就會隨之而毀滅，因為兵力可能自動撤出其領土，而那卻是為了以後也許可以比較容易收復它。事實上，不僅是兵力的全毀足以決定國家的命運，而且甚至於兵力的相當減弱也經常足以導致領土的喪失；反而言之，領土的相當損失卻不一定使軍事力量也成比例減弱；雖然就長期而言，那是會如此，但在戰爭結束之前的階段中，往往還不會立即顯出這樣的效果。

因此可以說，**保存我們自己的軍事實力，和毀滅或減弱敵人的軍事實力，要比領土的占領更為重要，所以那也是一位將軍所應爭取的第一目標。**（編按：雖然希特勒常宣稱他曾熟讀《戰爭論》，但他顯然完全與書中的此項觀點背道而馳。）僅當那種手段（即毀滅或減弱敵人的軍事力量）不能達到占有領土的目標時，然後領土的占有才會被迫當作一種目標來考慮。

假使敵人全部的軍事權力都合併成為一個軍團，假使整個戰爭即由一次會戰所構成，則這個國家的占有也就會決定於會戰的勝負；敵方軍事力量的毀滅，其國家的征服和我們自己的安全，都會隨著會戰的結果而來，而且就某種程度而言，也是彼此合而為一。現在問題即為：有什麼東西可以引誘防禦者放棄此種最簡單形式的戰爭行動，而把他的兵力分散在空間之中呢？這個答案是因為即令集中其一切的兵力，也可能還是不足以獲致勝利。每一個勝利都有其影響範圍。假使此種勝利擴展及於敵方的全國，所以也就包括其全部兵力和領土都在內，這種勝利當然是我們所求的，所以若無足夠的理由是不應分散我們的兵力。但假使有敵軍的某些部分以及雙方國家的某些部分，是我們的勝利所不能產生影響的，則我們對於那些部分必須給與以特殊的注意。又因為我們不能把領土像兵力一樣的集中在一點上，所以為了攻擊或防禦那些部分，我們也就必須分散兵力。

一個勝利的效果自然是依賴在它的偉大性（greatness）上面，那也就是所擊毀兵力的數量。所以要想打擊成功能所產生的最大效果，則必須指向敵方集中其最大兵力的那一部分國土；而我方用來執行此種打擊的兵力愈強大，則成功也就愈有確實的把握。（編按：當一九四一年七月，希特勒和麾下高級將領間就攻擊目標、指向何處——莫斯科或基輔、列寧格勒——進行討論時，支持朝莫斯科進擊的陸軍將領，即以克勞塞維茨的此項觀點向希特勒力爭，卻為後者所否決，儘管後者常宣稱熟讀《戰爭論》。）這種自然之理也就使我們可以用一種比喻來對其作更明確的解釋：那就是力學中重心（centre of gravity）的性質和作用。

在力學中，重心是物質質量的最大集中點，對於一個物體重心所作的震盪經常能產生最大效果，更進一步說，最有效的打擊是使用所有力量的重心來打擊——這完全是和戰爭的情形一樣。一切交戰者的武裝部隊，不管那是一個單獨的國家或一個國家的同盟，都必然有某種團結；此種團結所在之點亦即為重心之所在。所以，在任何武裝部隊中都有某種重心之存在，其行動和方向決定其他各點，而此種重心也位置於兵力集中之點上。但也正像在物質世界中一樣，對重心的行動在和各部分的關係上是自有其限度。有時所用的打擊兵力會很容易多於克服抵抗的需要量，又如果打擊落空，即為兵力之浪費。

有時一支軍隊是在一面軍旗之下，由一位將軍親自指揮投入會戰，有時一個同盟兵力相隔數百哩，甚或各據戰場的一邊，所以其間是有很大的差異。前者可能有極高度的團結；而後者可能僅在政治觀點上是一致的，其他各部分之間的聯繫往往非常脆弱，甚至於只是一種幻想。

所以，一方面我們希望集中最大的兵力以來執行打擊，但另一方面，我們又害怕任何不必要的過大兵力都是一種真正的錯誤，因為那不僅是浪費了實力，而且更會使其他點上感到兵力的缺乏。

所以如何發現敵方軍事權力中心的「重心」，如何鑑別其作用的範圍，實為戰略判斷中的一種極高明功夫。……分散兵力的動機通常是基於兩種互相衝突的利益：（一）為了占有土地，遂需要分散兵力；（二）為了想打擊敵方軍事權力重心，又必須將兵力集中於某一點上。

這也就是戰場或軍區觀念之所由來。在一個戰場之內（不管大小如何），連同其兵力（不管數量多少），代表一個整體那是可以歸納成為一個重心。應在這個重心上決定勝負，而在此獲得勝利，就最廣泛的意識而言，也就守住了整個戰場。

第七章

攻擊

一、戰略攻擊的性質

（摘自第七篇，第二章）

我們已經了解在戰爭中的一般防禦——同時也包括戰略的防禦——並非一種絕對的期待和阻擋狀態，所以也不是完全消極的狀態，而是一種相對狀態，因此多少也含有攻擊原則在內。同樣的，攻擊也不是一種齊一的整體，其中也不斷與防禦混合在一起。不過二者之間又還是有其差異：一種不包括反擊在內的防禦是不可以想像的，所以此種反擊也就是防禦中的一個必要部分；但在攻擊中，打擊和行動的本身即為一種完全的觀念。防禦本身並不必須為攻擊之一部分；但時間與空間卻使三者不可分，於是也就使防禦成為一種必要的罪惡（necessary evil）。因為第一點，攻擊不可能一直不間斷繼續到其結束為止，它必須有休息的階段，而在這些階段中，當其行動被中和化時，防禦的狀態也就自然出現；第二點，當兵力前進時，在其後方也就必然會留下空間，此種空間與兵力的生存具有必要關係，不能經常靠攻擊的本身來加以掩護，所以必須予以特殊的保護。

因此，在戰爭中的攻擊行動，而尤其是在所謂「戰略」的範圍之內者，經常都是攻擊與防禦二者之間的交替和結合。不過後者不被視為一種對攻擊的有效參加，和一種足以增強攻擊力量的手段，換言之，那不是一種積極原則，而純粹是一種必要的罪惡，是一種拖累。為什麼說是一種拖累呢？因為假使防禦對於攻擊的增強並無貢獻，則因為其所代表的時間損失，而必然對攻擊效力產生減弱的趨勢。但此種包含在每一個攻擊之中的防禦因素是否具有一種積極不利的影響呢？假使我們假定攻擊是戰爭的較弱形式，防禦是戰爭的較強形式，則似乎後者不可能在一種積極意識中對前者採取不利行動；因為假使我們對於較弱的形式具有足夠的兵力，則對於較強的形式一定就會感到更是多於足夠了。……我們不應忘記戰略防禦的優勢，一部分也就是以此為基礎，攻擊本身若無防禦的混合則不可能進行。所以作為一種減弱行動，防禦還是可能對攻擊產生積極作用。

每一個攻擊必然導致一個防禦，至於那個防禦的結果則有賴於環境的變化。假使敵方兵力被毀，則環境可能非常有利；但假使不是如此，則環境可能非常不利。雖然此種防禦不屬於攻擊的本身，其性質和效力都會對攻擊產生反應，而必須參加其價值的決定。

反而言之，在另一方面，攻擊本身經常即為一個整體，但防禦依照期待的原則而有階段之分。由於攻擊的原則是純粹積極的，而與其關聯的防禦則僅為一種死重量（dead weight），所以其中的差異也有種類的不同。毫無疑問，在攻擊中所用的精力上，在打擊的迅速和力量上，可能會有巨大的差異，但卻只是程度的差異而非形式的差異。這是在想像之內的，攻擊者也可能選擇一種防禦形式，只要那是更有利於其目標的達成。舉例言之，他也許會選擇一個堅強陣地，然後讓敵人在那裡攻擊他，不過這樣的情形卻是頗為稀少。所以我們可以說在攻擊中是不像在防禦中會自動有階段之分。

最後，作為一種規律，攻擊的工具是僅限於武裝部隊。假使當地居民對侵入者的態度比對其本國軍隊還要更友善，則在攻擊時也可能會獲得人民的協助與合作；最後，攻擊者也可能會有同盟國，但那卻只是特殊或偶然關係的結果，而不是一種出自侵略性質的援助。所以，雖然在談到防禦時，我們應把人民的起義和盟國都算在可用抵抗工具之內，但在攻擊時卻並不能這樣做。在防禦時它們是屬於事理之常；在攻擊時他們卻只是偶然出現。

（摘自第七篇，第三章）

二、戰略攻擊的目標

打倒敵人為戰爭中的目標；毀滅敵方的軍事力量，無論為攻為守那都是戰爭的工具。用毀滅敵方軍事力量為手段，防禦遂轉為攻擊，而攻擊又導致對領土的征服。所以領土為攻擊的目標；但卻不需要是整個國家，它也許僅限於一部分，一個省，一個地帶，或一個要塞。所有這些東西由於其政治重要性而可能具有一種實質的價值，在簽訂和約時，它們或被保留，或被交換。

所以，戰略攻擊的目標是可以有多層等級之分，從征服全國起到某些不太重要地方的征服為止。一旦當這個目標已經達到，而攻擊即停止，防禦也就隨之而開始。所以，我們可以把戰略當作一種分別有限度的單位來看待。但實際上卻並不如此。通常一位將軍在攻擊時是很難隨心所欲，其行止通常都會隨著情況而變化。有時他的攻擊會使他超過原有的意圖，有時他的停頓要比其所料想的來得較早，並且由攻擊變成一種真正的防禦。

（摘自第七篇，第四章）

三、攻勢力量的減弱

此乃戰略中的重要題課之一。絕對力量的減少是由於下述的原因：

（一）由於攻擊的目標，即對於敵國領土的占領。

（二）由於攻擊軍為了保持其交通線及補給工具，必須維護其後方的安全。

（三）由於行動（戰鬥）和病患的損失。

（四）補給倉庫與增援兵力的距離。

（五）對要塞加以圍攻和封鎖。

（六）疲勞的鬆懈。

（七）同盟國的分離。

不過通常，與這些減弱原因相對，又可能有許多其他的原因足以增強攻擊的力量。很明顯，在所有一切情況中，只有比較這些不同數量始能獲得一種純淨的結果。所以攻擊者的減弱可能會部分的或完全的為防禦者的減弱所抵補，甚至於還會有餘。

（摘自第七篇，第五章）

四、頂　點

攻擊的成功是一種現有力量優勢的結果，而精神和物質兩種力量也都包括在內。我們曾經指出攻擊力量是會逐漸自動耗竭；可能在此同時優勢反而還會增強（相較於守方實力的削弱程度），但在多數情形中它是會隨之而減少。攻擊者是在購買未來的利益準備在以後的和平談判中兌現；但在同時，他又必須在現場先付某種數量的軍事力量以來作為代價。假使攻擊者的優勢，雖然日益減少，但卻仍能繼續維持直到和約締結時為止，於是攻擊的目標也就算是已經達到。戰略攻擊有時也能立即導致和平，但這種情形卻是很少見的；**在大多數情況中，通常都是達到實力剛好足夠維持守勢之點**，然後就等待和平。若超過了那一點，情況就會反轉過來，於是就會產生一種反作用，那種反作用的暴力通常都是會比原有打擊力量要遠較強大。此即為我們所稱的攻擊頂點（**culminating point**）。由於攻擊的目標是占領敵人的領土，所以將會一直繼續前進直到攻擊力量的優勢耗盡時為止，因此也就迫使我們趨向這個極點，並且可能很容易導致我們超過這一點。我們只要想一想在實力方程式中的因素是如何地眾多，即可以了解在許多情況中，要想確定雙方誰占優勢將是如何困難。

但一切的勝負又還是要依賴使用精巧的判斷以來發現此一頂點的能力。

（摘自第七篇，第六章）

五、敵軍的毀滅

敵軍的毀滅是一種達到目的手段。然則其意義如何解釋？關於這個問題也有不同的觀點如下：

（一）僅毀滅攻擊目標所要求的數量。

（二）在可能限度之內盡量的毀滅，多多益善。

毀滅敵軍的唯一手段即為戰鬥，但透過戰鬥的組合，又有兩種不同的方式：（一）直接，（二）間接。所以，縱令會戰為主要手段，但卻仍非唯一的手段。攻占一個要塞或一部分領土，其本身也就是毀滅敵軍，而且還可能導致更大的毀滅，所以此即為一種間接手段。

所以，一個不設防地帶的占領，除了其本身的直接價值以外，也同樣還是可以毀滅敵方兵力。還有把敵軍引出其所占領的地區，也可以產生類似的作用。不過這些手段又常被人作了較高的評價——事實上，它們是很少能具有像會戰一樣的價值。

我們必須認為這一類手段是一種小型的投資，所以對它也只能期待小量的利潤。**此種手段只能適用於非常有限的國家關係和微弱動機**。不過它們又還是確實較佳於無目的的會戰——和其結果不能充分實現的勝利。

六、以決戰為目的之攻擊

（摘自第七篇，第十五章）

一、攻擊的第一目標即為勝利。面對著防禦者在其情況性質中所獲得的一切利益，攻擊者只能用優越的數量來與之對抗。此外也許還可以加上一點攻擊精神的利益，即部隊在前進和攻擊時會有一種心理優越感。不過，此種感覺的重要性通常又都是被估計過高，因為它並不能持久，而且也並不能克服真正的困難。當然，我們是假定防禦者是和攻擊者一樣足智多謀而不犯錯誤。這也就是說必須把空泛的奇襲觀念不列入考慮之中，一般人都常假定奇襲在攻擊中是勝利的泉源，但事實上，那除了在特殊環境之下是難以有出現的機會。假使攻擊者在物質力量上是居於劣勢，則為了彌補攻勢形勢中的內在不利，則必須在精神力量方面占有優勢；如果同時又缺乏此種精神，則也就根本上沒有發動攻擊的理由，而且即令發動也絕不會成功。

二、**正像謹慎是防禦者的真正天才一樣，攻擊者則必須依賴果敢與自信的鼓勵**。在現實環境中這些都是必須的素質，因為在戰爭中的行動並非僅為數學計算，這種活動姑不說是完全在黑暗中進行，也至少是在一種微明的情況下進行，所以我們必須信賴英勇明達的領袖，他們是最適合於貫徹我們的目的。防禦者在精神上表現得愈弱，則攻擊者也就應變得愈果敢。

三、為了獲得勝利，則敵我雙方主力之間必須有一場會戰。這種說法對於攻擊是比對於防禦更少疑問，因為攻擊者必須在防禦者的陣地中去尋找防禦者而予以攻擊。但我們（在討論防禦時）曾指出假使防禦者是故意把他們位置在一種虛偽的位置上，則攻擊者也就不應去尋找他，因為攻擊者可以斷定防禦者將會反過來尋找他，於是他也就可以坐收反客為主之利，即使防禦者不能在其有準備的地區中進行戰鬥。在這裡一切都要根據具有巨大重要性的道路和方向來決定。

四、我們早已指出那些目標是攻擊所應比較立即指向的，假使那是在所要攻擊的戰場之內，則達到它們的道路也就是打擊的自然方向。不過攻擊者的主要考慮不僅是達到這個目標，而是要以征服者的身分來達到它，**所以其打擊方向與其說是目標本身，毋寧應說是敵人所將採取的進路。這種路線即為立即性的攻擊目標**。在敵人達到這個目標之前，先打擊在他的身上，切斷他與目標之間的聯繫，並在那個位置上將其擊敗——這也就是獲得一種強烈的勝利。舉例來說，假定敵方首都為攻擊目標，又假定防禦者沒有把他自己位置在首都與攻擊者之間，於是後者若直趨首都則實為一種錯誤，他的最佳路線是切斷敵軍與其首都之間的交通線，並在那裡尋求使首都自動落入其手中的勝利。假使在攻擊地區中無重大目標，則敵人與其距離最近重大目標之間的交通線也就是最重要的。在攻擊者所可以選擇的一切道路中，供該國商業用的大路經常是最好和最自然的選擇。

五、假使攻擊者是想尋求偉大的決戰，則他實無任何理由分散其兵力，如果他這樣做，通常即表示他缺乏明確的觀點。所以當他前進時，應使其各縱隊保持在一定的正面寬度之內，以便可以同時投入戰鬥。假使敵軍自動分散兵力，則對於攻擊者更為有利。所以為了誘敵起見，應對於防禦者已與主力分開的兵團作小型的攻擊，攻擊者為了這樣的目的而分遣若干兵力則是合理的。

六、不過攻擊同時也需要慎重，因為攻擊者也有一個後方，也有交通線必須加以保護。這種保護應由軍團本身提供，即不應該軍團中再抽出兵力來專門負責此種任務。攻擊者雖暴露在此種威脅之下，但這卻必須要看當時的情況和對手的性質以來決定所應給與的保護程度。**當大決戰的壓力迫在眉睫時，防禦者通常沒有餘暇去採取這一類的行動，所以攻擊者也就可以不必像在一般環境中那樣畏首畏尾**。但當前進已成過去，攻擊者本身逐漸轉入守勢，於是後方的掩護也就會變得非常需要，和非常重要。因為攻擊者的後方是自然比防禦者的較弱，所以後者早在其尚未轉為真正攻勢之前，和甚至於在其放棄土地的同時，即可能已經對前者的交通線發動攻擊。

七、不以決戰為目的之攻擊

（摘自第七篇，第十六章）

一、雖然既無意志又無權力不足以贏得偉大的決戰，但當指向某種次要目標時，戰略攻擊中可能仍有其決定意義之存在。

二、這種攻擊的目標可以分析如下：

（一）一**塊領土**：它可以使我們獲得給養之利，可以使我們自己的領土免除這種擔負，也可以在和平談判中作為交換的籌碼。以上都是這種行動所可以產生的利益。

（二）**敵方主要倉庫之一**：假使它不具有相當重要性，則在決定整個戰役的攻擊中是很不可能被視為一種目標。其本身誠然對防禦者為一種損失，而對攻擊者為一種收穫；但對於攻擊者而言，其最大的利益還是它的喪失可能將迫使防禦者作少許後退，而放一片本來會加以防守的領土。所以一個倉庫的攻占實際上只能算是一種手段。在這裡之所以說它是一種目標，那是因為就目前而言，在它尚未被攻占之前，是一種立即性的行動目的。

（三）**要塞的攻占**：在非以完全擊敗敵人征服其領土重要部分為著眼的攻擊戰爭和戰役中，要塞經常為最佳和最合理想的目標。同時，對於一個具有相當重要性的地點所發動的攻擊經常是一種艱巨的工作，因為它必須付出非常巨大的成本，假使在戰爭中不是孤注一擲，則這也就是應該慎重考慮的問題。……反而言之，地方愈不重要，或對於圍攻的興趣愈低，則準備也就愈小，於是也就是一種較小的戰略目標，而且也最適合於小型兵力和有限的眼光。

（四）**一次成功的戰鬥，遭遇戰，甚或會戰**：那僅只是為了獲得戰利品，或軍隊的榮譽，有時甚至於僅只為了滿足指揮官的雄心。……但這些事情卻並非毫無客觀價值；它們並非僅是虛榮的消遣；它們對於和平具有一種非常明顯的影響，所以也就好像是直接導向那個目標。軍隊的名譽，軍團和將領的精神優勢雖然是無形的東西，但卻對於戰爭中的整個行動具有真實的影響。這樣的戰鬥當然又必須首先假定：（A）有適當的勝利希望，（B）所要下的賭注並不太大。

三、除了上述最後一種目標（四）為例外，其他的目標可能不必經過一次重要的戰鬥即可以達到。……假使一片領土是未設防的，假使一個食庫或要塞是缺乏掩護的，則前者是暴露在蹂躪之下，而後者是暴露在圍攻之下，雖然大小戰鬥也可能發生，但它們不是被追求的也不被當作戰爭目標。它們應視為一種必要的罪惡，永遠不可以超過某種程度的重要性。

總結言之，我們必須注意在這種戰爭中，攻擊者的確是要比防禦者享有遠較巨大的利益，他對於對方的意圖和兵力能夠作較佳的判斷。在不以決戰目的的戰爭中，是很難發現攻擊者究竟有多大的決心和勇氣。反之，由於對方已經決定採取守勢，所以也就可以斷定他絕無積極意圖。一種巨大反攻的準備與一種普通防禦的準備，其間有很大的差異；但是一種巨大攻擊的準備與一種指向次要目標的準備，其間的差異卻很難發現。最後，防禦者在雙方之間必須較早的採取他的措施，這也就使攻擊者占有最後出手的利益。

（摘自第七篇，第二十章）

八、佯　攻

所謂佯攻（diversion）這個名詞在這裡的意義就是：攻入敵國以來吸引其一部分兵力離開主要之點。佯攻自然必須有一個攻擊目標，因為僅只由於這個目標有價值，所以才能引誘敵人派遣部隊來保護它。而假使作為一種吸引敵軍的行動未能成功，則此種目標本身的攻占對於在此一企圖中所消耗的兵力也就可以算是一種補償。

這種攻擊目標可能為要塞，或重要倉庫，或富饒的大型城鎮，尤其是都城，以及所有各種的補給來源；最後，用這種方式也可能給與敵國境內不滿意人民以援助。

一般人很容易設想佯攻可能有用，但它們確實並非經常如此；反而言之，它又同樣的時常可能有害。主要條件是它們應能從主戰場內引出比我們用於佯攻的兵力較多的敵軍；如果所吸引的敵軍數量大致與我軍所用兵力相等，則作為佯攻的效力也就可以說是已不存在，於是這種行動也就變成僅為一種助攻而已。

但假使小型兵力想要吸引大型兵力，則又顯然必須要有某種特殊理由。所以為了要想達到佯攻的目的，僅只派遣若干部隊到一個過去所未占領之點是還不夠的。

假使攻擊者派一支一千人的小型部隊去蹂躪一個不屬於主戰場的敵方省區，很明顯的，敵人若也僅只派一千人去援救，那是不能夠阻止侵入軍，而必須要派遣一支相當巨大的兵力。不過也許可以反問，防禦者是否會不去保護他自己的那一省，而派一支類似的兵力來蹂躪我方的一省，以來重建平衡呢？

所以，攻擊者若欲獲致佯攻之利，則必須首先確定他之威脅防禦者的省區，其價值是遠過於防禦者的對抗威脅。假使是這樣，則毫無疑問一支弱小的佯攻兵力即能牽制敵方遠較巨大的兵力。反過來說，當兵力增大時，這種利益也自然減低，因為五萬人不僅可以堅守一個中等大小的省區以來對抗相等數量的侵入軍，甚至於還能對抗占相當數量優勢的敵軍。所以大型佯攻的利益實頗有疑問，而佯攻兵力愈大時，則其他有利於佯攻的環境也就愈具有決定作用。

這些有利環境可以分述如下：

（一）在不減弱其主力的條件下，攻擊軍所可以用來從事於佯攻的兵力。

（二）屬於防禦者之據點，那是對他具有極大重要性並且可以用佯攻的方式來加以威脅。

（三）防禦者方面的不滿意人民。

（四）一個可以補給相當數量軍需物資的富饒省區。

假使只有在這些條件之下，佯攻始有產生結果的希望，於是也就可以明瞭能使用佯攻的機會是並不會太多。

但現在又引到另外一個重要之點。每一個佯攻都會把戰爭帶入一個先前未曾透入的地區，因為這種原因，敵人也就可能會動員本來不曾動用的兵力，假使敵人已有任何有組織的民兵，和全國皆兵的手段，則這更是一種合理的假定。這是自然之理，也有充分的經驗可以作為證明。每當一個地區突然受到敵軍的威脅，而且事先又無防禦的準備，則該國當局也就自然會盡量利用一切非常的手段以來解除眼前的危險。所以新的抵抗力量會產生，那是僅次於一種全民戰爭，而且可能非常激烈。

這是在任何佯攻中所必須注意的一點，以便我們不至於自掘墳墓。在戰爭中愈不尋求偉大的決戰，則愈可以容許佯攻，但其收穫也就必然愈小。它們只是一種使僵持不動的兵力可以有活動機會的工具而已。

九、侵入與勝利的頂點

（摘自第七篇，第二十一章）

在戰爭中的勝利者並不能經常處於一種完全制服其對方的地位。時常，事實上幾乎是必然的，有一種勝利頂點（極點）之存在。

一般說來，勝利是出於一切物質和精神力量總和的優勢。毫無疑問，勝利能夠增大此種優勢，否則也就不會有人肯付出重大犧牲的代價以來尋求和換取勝利。勝利本身能夠如此是毫無疑問，但其後果雖也能具有同樣的效力，但卻不能達到最後之點——通常只能達到某一點為止。這一點也許是近在手邊，所以有時由於它是那樣的短淺，以至於一次勝利會戰的全部結果是僅限於精神優勢的增強而已。現在我們就要對這個問題作較詳盡的分析。

在戰爭行動的過程中，雙方戰鬥兵力是不斷的遭遇到增強它們或減弱它們的各種因素。所以雙方究竟是那一方面占優勢實在是一個難以估量的問題。由於每當甲方力量的減弱即被認為是乙方力量的增強，所以當然，這種雙重的潮流，這種上升和下降，是隨著部隊的進退而變化。所以必須找到這種變化的主要原因。

在前進時，足以增強攻擊者實力的最重要原因似可列舉如下：

一、敵方軍團所遭受的損失，因為那通常總是要比攻擊者本身所遭受的損失為大。

二、敵方在固定軍事設施上所遭受的損失，例如倉庫、橋梁、要塞等等；攻擊者卻不會遭受這樣的損失。

三、從攻擊者進入敵方領土之時起，防禦者就開始有省區的損失，於是也就減少了新軍事力量的來源。

四、前進的攻擊軍可以獲得一部分敵方資源，換言之，也就是可以獲得因精於敵的利益。

五、敵方（防禦者）的內部組織以及一切正常行動都會受到擾亂。

六、敵方的同盟國有些會因此而與它脫離關係，而其他的國家更可能加入勝利者這一邊。

七、最後，敵軍在失望之中，可能有一部分會自動放下武器，這樣也會產生嚴重的心理影響。

但當攻擊軍前進時，其兵力因為下述各種原因也同樣的會受到減弱：

一、攻擊軍常會被迫必須圍攻敵人的要塞，或封鎖它們，或監視它們。

二、從攻擊軍進入敵國領土之時起，戰場的性質即開始有了變化，它變成了具有敵意的。我們必須占領它，因為在實際占領範圍之外，我們不能說任何部分是屬於我們自己的，因為到處對於整個機器都構成困難，所以也就必然會有減弱其效力的趨勢。

三、攻擊者距離其資源（基地）是愈來愈遠，而防禦者則愈來愈近，這樣也就使攻擊者在補充其已消耗的力量時要延誤很多時間。

四、由於這個國家受到敗亡的威脅，遂可能刺激其他國家想要來保護它。

五、最後，敵方由於危險日益增大的後果，所以會加倍的努力；反而言之，勝利者卻會有日益懈怠的趨勢。

所有這些利與害都可以同時存在，彼此抵銷，只有最後一項為例外。所以這一點指明出來勝利的效果要看它是使失敗者喪失鬥志，還是刺激他作更大的努力，而來決定。二者之間是有極大的差異。

現在再逐條簡論如下：

一、當被擊敗時，防禦者（敵軍）的損失以在失敗的最初階段為最大，以後就會逐日減輕，終於達到恢復和我軍（攻擊者）兵力平衡之點，但也可能以加速度逐日增大。這是決定於情況和關係的差異。……概括言之，若敵軍是一支優良的兵力，則將會照第一種情況發展，若敵軍是一支素質不佳的兵力，則結果就會是第二種情況。

二、敵軍在靜態戰爭工具方面所受的損失也會同樣的有所變化，那是要看那些補給基地的性質和位置而定。不過，這一類的損失在重要性上是不能和其他的損失比擬。

三、第三種損失必須等到我軍深入之後始會增加，同時也可以說必須等到我軍深入敵境之後，始有考慮的價值。

四、第四種利益也是以同樣的方式隨著前進而增加。不過關於這三、四兩點，其作用是很遲緩而間接的，所以我們不應為了追求這種利益而使我們自己處於任何危險的地位。

五、第五種利益也是如此，必須在我們已有相當進展之後始可以列入考慮。

六、關於六七兩點，至少它們也可能會隨著攻擊的進展而增大。

現在再反過來討論弱點方面：

一、當攻擊軍前進時，圍攻、封鎖、監視要塞的兵力通常都會隨之而增加。此種減弱影響對於戰鬥兵力的作用是如此強大，所以不久即可能抵銷所獲得的一切利益。

二、當攻擊軍愈前進，則對於敵軍境內的戰場也就愈有分兵加以占領之必要，假使這還不至於立即減弱戰鬥兵力，則就長期而言，其作用還是終究會顯示出來。任何軍團都有其戰略側面，那也就是其交通線兩側的地區。我軍愈前進，則側面也就會長，於是其危險也就不成比例的增加，不僅是難於掩護，而且敵人的攻擊精神也會隨之而增強。所以攻擊軍每前進一步，則其負擔也會隨之而增加一些，除非它享有極大的優勢，否則經常會逐漸減弱其衝力。

三、愈前進則距離自己的基地愈遠，於是戰鬥力也就自然會隨之而益形減弱。我們不可能完全仰賴敵方境內的補給。對於部隊而言，有許多的東西必須要從本國來加以補充，尤其是人力。距離愈長則這些補充的達到也就愈慢。

四、假使勝利能夠在同盟關係上產生不利於勝利者的後果，則那也就一定會與我軍的進展具有直接關係。但如果產生的是有利的後果，情形亦復如此。概括言之，如果所擊敗的國家是大國，而其同盟國是小國，則當前者被征服時，後者也就會很快的脫離其與前者的同盟關係，所以在這種情況中，勝利者將愈戰愈強。反而言之，假使前者是小國，而後者是大國，則當後者看到前者生存感受威脅時，也就會趕緊去援救它。至於其他國家也因免死狐悲之故，也都會設法阻止其完全崩潰。

五、敵人有時固然會由於精神崩潰而自動放下武器，但有時在挫敗之後，反而會益形振作，於是每個人都自動拿起武器，而使抵抗力大形增強。要想猜度其結果，所應考慮的資料是人民和政府的性格、國家的性質，以及其同盟關係。

此外，我們應該記著當危險已經過去之後，勝利方面往往會產生一種怠惰的心理，所以，要去擴張成功，勢必要作新的努力。所以概括言之，當攻擊者愈前進時，則優勢也會愈形減弱。於是我們自然就要反問：假使是這樣，則攻擊者在獲得勝利之後又何必再繼續前進？這是否真正可以稱為對勝利的進一步利用？是否在所獲優勢尚無任何減弱時即行停止還要更好呢？

對於此種問題我們的答覆自然是：戰鬥兵力的優勢只是一種手段，而非目的。目的，或目標，是征服敵人或至少占據其一部分領土，以便使我們在簽訂和約時居於可以實現我方已獲利益價值的地位。即令我們的目的是完全征服敵人，我們仍應認清，固然我們每進一步，我們的優勢就會減弱一些，但卻不一定在敵人崩潰之前，它就已經減到了零；**假使在它到零以前敵人即已崩潰，假使那是僅憑最後一點優勢而獲得的結果，那麼若不為那個目的而消費我們的優勢則實為一種錯誤。**

所以，我們在戰爭中所已獲的優勢僅為一種手段而非目的，為了獲到目的，我們應該不惜用它來作為賭注。不過又必須知道它能夠達到多遠的目的，絕不可超過那一點，否則即無異於自取敗亡。

只有在近代，我們才看到在文明國家之間的戰役中，此種優勢曾經不間斷的導致敵人的覆亡；在這個時代以前，每個戰役的結束都是勝利者只想尋求一個僅能使其本身維持平衡狀態之點。在這一點上，即令不需要撤退，勝利者的運動必然會停下來，在將來，在所有不以打倒敵人為軍事目標的戰爭中（而一般的戰爭仍然都是屬於這一類），此種勝利的頂點也仍將出現。所有一切單獨戰役計畫的自然目的即為攻勢轉為守勢的這一點。

但超過此點，不僅是一種對權力的無益浪費，不會產生進一步的結果，而且也是一種造成反應的毀滅步驟；而依照所有一般經驗，此種反應也會產生最不成比例的效果。主要原因是所征服地區缺乏組織，損失日益嚴重，士氣日益頹喪。結果使防禦方面的精神力量日益升高，而攻擊方面則日益低落。於是撤退的損失也會日益增大，到了此時，原有的勝利者若能僅只放棄其所征服的一切而順利逃走，不至於喪失其本身領土，即已應該感謝上帝了。

我們現有必須澄清一項顯然的矛盾。

可能一般的假定是只要攻擊仍在繼續進展，則必須仍有一種優勢的存在；又因為防禦，是在攻擊行動的勝利過程結束時才開始，為一種較強的戰爭形式，也就殊少有在意料之外變成較弱方面的危險。但的確有危險之存在，**而且我們必須承認一種逆轉的最大危險往往正是發生於攻擊停止並轉入守勢之時**。我們將嘗試尋找此種矛盾的原因。

我們歸之於戰爭防禦形式的優點是包括下述四點：

（一）在於地形的使用。

（二）在於有準備戰場的占有。

（三）在於人民的支援。

（四）在於期待狀態的利益。

必須了解此四種原則並非經常全部存在，和可以作同等程度的發揮，所以此一防禦與彼一防禦並非經常相同，而防禦對於攻擊也並非經常具有此種同等的優勢。尤其是當防禦的開始是在攻擊已經力竭之後，而其戰場通常可能是位置在一個深入敵國境內的攻擊三角形頂點之上時為然。對於上述四點，此種防禦僅在第一點上（即地形的利用）能維持其優勢不變，第二點通常完全消滅，第三者變成負的，而第四者也會大形減弱。為了解釋起見，關於最後一點應該再說幾句話。在征服的地區中組織防禦，要比在自己的領土上更能激起敵人求戰的意願（因為在防禦者眼中，當侵入者改採守勢時，即為一種示弱的表現，也象徵著入侵者的優勢已有相當的削弱），所以其待敵的性質也就會因此而減弱。

因此，很明顯的，當防禦是與攻擊行動交織或混合在一起時，其所有一切的基本原則都會受到減弱，所以也就不再享有原先受之於它的優勢。

正像沒有一個防禦戰役是由純粹防禦因素所構成，所以也沒有一個攻擊戰役是完全由攻擊因素所構成。因為在所有的戰役中除了短間隔以外，在其中雙方是都在防禦，任何不能導致和平的攻擊是必須以防禦為結果。

這樣即為防禦本身有助於攻擊的減弱。這並非一種故意的咬文嚼字，**反而言之，我們的確認為攻擊的主要不利即在於：攻擊結束後攻擊者將會被迫居於一種非常不利的防禦態勢。**

而這也解釋原先存在於攻擊與防禦兩種戰爭形式之間的實力差異是如何的會逐漸減少。我們現在就要進一步指出它可能如何完全消滅，以及此種短時間的利益如何可能轉變成為不利。

一旦當心靈對某一目標已經採取一個決定的方向，又或回過頭來退向一個避難港，於是也就很可能在後者的情形中，其動機自然具有限制作用；而在前者的情形中，其動機自然發揮刺激作用。此種作用的充分力量是一時還感覺不出來，而當攻擊行動繼續推進時，攻擊者也就會被運動的潮流帶過平衡線，超過極點，而無所知。甚至於儘管已經力竭，攻擊者在攻擊所特有的精神力量支持之下，反而會感覺到停止比前進還更困難。說到此處，我們相信我們現在是已經證明在理論本身中並無矛盾之存在，攻擊者如何會越過那一點，而假使他能在適當的時機停下來，則由於轉取防禦，他仍可能來得及獲致平衡。所以，在擬定一項戰役計畫時，正確的決定這一點是非常重要：對於攻擊者而言，他應該知道萬不可超出其能力限度之外；對於防禦者而言，當攻擊者犯了此種錯誤時，他應知道如何加以利用而不喪失良機。

假使我們現在回顧一下當指揮官在作下他的決定時，他內心裡所應注意的各點，同時又應記著他只能透過許多其他遠近關係的考慮，以來研判趨勢並衡量其中最重要者的價值，所以他對於他們必須作某種限度的猜度——猜度敵軍，在受到第一次打擊之後，是否將顯示一種較強硬的核心和增強的團結，抑或當表面被損傷之後，即將全部崩潰呢？猜度敵人是否自動投降抑或作困獸之鬥呢？猜度其他國家是否起而聲援，抑或縱散約解呢？當然他也可能完全猜中，但我們必須承認猜透對方的心思真非易事。有一千條錯誤的道路可走，而且必須在危險和責任的壓力之下完成此種工作。

大多數的將軍都是寧願不太接近那一點，而另外有些銳進之徒則時常會超越那一點。但是過猶不及，只有能以最少資源而能成大功者才能一擊而中，恰到好處。

第八章

戰爭與政治

一、絕對戰爭與現實戰爭

（摘自第八篇，第二章）

應用於戰爭的實體代表（那就是人）上和戰爭所自出的一切環境上的簡單戰爭原則又受到隱藏在戰爭工具中的某些理由之克制和限制。

但此種限制還不夠把我們從戰爭的原始觀念帶到幾乎是到處出現的具體形式。大多數戰爭都是僅表示一種雙方的憤怒感情，在其影響之下，每一方面遂拿起武器來保護自己，並使其對方陷入畏懼之中，而且當機會來臨時，也就會發動一個打擊。所以，他們不像兩個互相毀滅的電極碰撞在一起，而像兩個還是分開的電極之間的吸力，彼此都只在小型部分的震盪中放電。

那麼阻止完全放電的非導體媒介又是什麼呢？為什麼哲學觀念不能實現？此種媒介由國家生存中的許多利益、力量，和各種不同環境所組成，它們都受到戰爭的影響，而透過無限複雜的關係後，戰爭也就不能依照其邏輯發展，在這種迷宮中它也就被膠住了。

假使說純粹與戰爭有關的思考，可以通過所有一切與戰爭有關的事物，而仍能一分鐘都不迷失其目標，則在國家中又還有一切其他的考慮，那是可能做不到這一點。所以也就有反抗出現，因此也就必須有一種能克服整個質量惰性的力量——此種力量很少能充分發揮。

此種矛盾會在雙方的某一邊，甚至於兩邊發生，而也就是使戰爭變得和依照其觀念應該是怎樣的情形完全不同的理由——變成了一種一半和一半的產品，一種缺乏完整內在凝聚力的事物。

這也就是我們幾乎到處可以找到的情形，若非我們已經看見（在拿破崙之下）現實戰爭曾以接近此種絕對完全的面目出現，則我們可能就會懷疑我們對於戰爭絕對性的觀念是否在現實中可以存在。在拿破崙指揮之下，戰爭的進行是一分鐘都不稍懈，直到敵人完全被擊潰時為止，而敵人的反擊也幾乎毫無作用之可言。此種現象是否自然和必須應該引導我們返回原始的戰爭觀念，並連同其所有一切嚴格的演繹推理呢？

所以，我們決定對戰爭作一種現實的解釋，而不完成依據純粹觀念，但容許任何外來性質的東西與它混合在一起，或依附在它的上面——其各部分的所有一切天然惰性和摩擦、人類心靈的一切矛盾、空洞和猶豫（或懦怯）——則我們應能了解戰爭，以及我們所給與它的形式，是出自當時的思想、情感和環境。的確，假使我們是很誠實的，我們也就必須承認甚至於當戰爭在現實環境中採取其絕對性質時，也都還是如此。

假使我們必須承認戰爭的發源以及其所採取的形式，並非出自對於無限多的關係所作的總結算，而只是出自其中某些偶然具有支配作用的因素，因此，當然，戰爭的基礎也就是可能性、機會，和運氣等的交相為用，在這種情況中，嚴格的邏輯推理往往無法使用，而對於思考反而成為一種無用和不方便的工具。所以，戰爭時有程度大小之不同。

凡此種種都是理論所必須承認的，但理論卻又有責任把首要的地位給與戰爭的絕對形式，並使用那種形式來作為一種概括的定向點，而凡是想從理論中學到一點什麼東西的人，也應該慣於使他自己的眼光時常固定在這種絕對形式之上，並認為那對於其一切的希望和憂懼都是一種天然的衡量，以便他在可能或必須的情況中盡量接近於此種標準。

（摘自第八篇，第三章，A部）

二、戰爭中各部分的互賴性

在戰爭的絕對形式中，所有一切事務都是其自然和必須原因的後果，一件又一件的迅速連續著，所以也就沒有中立的空間；換言之，戰爭只有一種結果，即為最後結果，在沒有達到最後結果之前，也就無所謂勝負，無所謂決定。所以戰爭是一個不可分的整體，其中的部分（即次要的結果）除了在其對整體的關係中以外，即更無價值之可言。

此種視戰爭中各階段彼此相關的看法可以視為一個極端，但卻另外還有一個與其對立的極端，那就是認為戰爭是由許多獨立的結果所組成，正好像是在球賽中的得分一樣，前後之間並無任何影響之存在。所以勝負也就是要根據許多次單獨結果的總和來決定。

第一種觀念是以邏輯為基礎，第二種觀念是以歷史為基礎。戰爭中的因素愈受限，則後者的形式也就愈普遍。假使我們採取第一種觀點，則我們在任何戰爭開始時就應把它當作一個整體來看待，而在開始前進的第一步，指揮官也就應該使目光及於最後的目標。假使我們採取第二種觀念，則也就可以為了其本身的理由而來追求次要的利益，至於以後的行動則可以隨情況的發展來決定。

因為這兩種形式的觀念都並非毫無結果，所以理論是二者不可偏廢。不過在應用時又還是有差異：必須首先把第一種作為根本，而把後者來作為依照環境而採取的修正。

理論要求在任何戰爭開始時，必須依照政治條件和關係所作的預測，以來決定其性質和主要輪廓。依照此種或然率，其性質愈接近絕對戰爭的形式，其輪廓也應包括交戰國的民眾，並且把他們吸引到頂點之內——於是其中各部分之間以及其與全體之間的關係也就愈完全，而在走第一步的時候也就愈有考慮最後一步的需要。

（摘自第八篇，第三章，B部）

三、戰爭中目標的大小：所應作的努力

我們必須用來對付敵人的壓力是受到雙方政治要求的比例所節制。假使這種比例是雙方都知道，則它們也就會決定雙方努力的大小；但實際上它們卻並非經常那樣顯著，所以這可能是使每

一方面在所採取的手段（工具）上有所差異的第一種原因。

國家的情況和關係彼此之間也不相同，這可能成為第二種原因。

意志力，和政府的性質與能力，也很少相同，這是第三種原因。

這三種因素在對預計所遭抵抗分量的計算中造成不確實的後果，結果使所用的工具分量和所選擇的目標，也都同樣的具有不確實性。

因為在戰爭中，足夠努力的缺乏，其結果可能不僅為失敗而且還會造成積極的傷害，所以雙方都希望能壓倒對方，於是也就會產生一種相互的作用。

假使能夠確定這樣一點，則這也許就會導致努力的最大極阻。**但是這樣就會使對政治要求的考慮完全喪失，並使手段與目的之間喪失一切的關係**，而且在大多數情況中，這種以極端努力為目的的行動常會為其內在的對抗壓力所破壞。

這樣，進行戰爭的人遂又回到一種中間路線，他多少是基於下述的原則：在戰爭中只使用那樣多的力量，和指向那樣的目標，以來剛好足夠達到戰爭的政治目的，為了使此種原則切實有效，他應放棄一切的絕對要求，並拋開遙遠的計算。

為了確定我們必須用來從事於戰爭的真正工具數量，我們必須考慮雙方的政治目的，雙方國家的權力和地位，其政府與人民的特性，雙方的能力，與其他國家的政治關係，以及戰爭對那些國家所將產生的影響。（編按：「希里芬計畫」的設計者希里芬元帥，在名義上雖算是克勞塞維茨的再傳弟子，但他和其參謀本部中的同僚，卻都未曾真正了解其「太老師」的教誨，他們完全不曾考慮「假道」比利時可能導致的政治後果。）如何斷定這樣複雜的環境以及它們之間的複雜聯繫是一種極大的難題。必須有真正的天才始能在一瞬間即發現何者為是何者為非，那是很容易了解，若僅憑一種數學性的研究，是不可能變成這樣複雜環境的主人。

所以，首先我們必須承認對於一個將要來臨的戰爭，其所應指向的目的，其所需要的工具，只有在對於與其有關的全部環境作了充分的考慮之後，始可作成判斷；其次，這種判斷，也像軍事生活中的一切判斷一樣，不可能是純客觀的，但必須由政治家和將軍（不管他們是否合為一人）的心智及精神素質來決定。

在近代以前，與其他國家的關係，除了有關少數商業問題以外，大部分都只和國庫或政府的利益有關，而與人民無涉。所以人民與戰爭並無直接關係，而只能對戰爭產生間接影響。

由於政府與人民是分開的，而政府也認為它自己就是國家，所以戰爭也就完全變成政府的事情。其後果是政府所可指揮的工具是有相當明確的限制，所以就其範圍限度和時間長度而言，雙方都是可以互相估計的，於是這也就剝奪了戰爭的最危險特點：即趨向於極端的努力，以及與其有關的一連串潛伏可能性。

財政性的工具，國庫的內容，敵方的信用狀況，也像其軍隊的大小，是大致為已知的。這些因素都不可能在戰爭爆發時作突然的增加。由於敵方權力的極限可以判斷，所以一個國家對於完全征服的威脅是可以感到相互的安全；反之當一個國家若自知其工具的有限，則同時也就自然只會選擇一種較溫和的目的，由於對極端有保護，所以自毋需去冒險追求極端。……假使軍隊被擊潰，則也就無生力軍可以動用。則一切行動也就自然必須特別謹慎。所以除非有一種決定性的利益自動出現，始可以使用這種成本昂貴的工具，而造成這種機會者即為將軍的藝術。但除非已有這樣的機會出現，否則也就沒有採取行動的理由。於是侵略者的原始動機也就會在謹慎小心之中化為烏有。

所以在現實中，戰爭變成了一種正規的賭博，在其中是由時間（time）和機會（chance）來洗牌；但就其意義而言，那不過僅為某種「強制外交」，一種更激烈的談判方式，在其中戰鬥和圍攻代替了外交通牒。想獲得某種溫和的利益以便可以用於和平談判之中，甚至於即可以算是最富有雄心的目的。

誠如我們所已經說過的，此種有限、壓縮形式的戰爭是在一種狹窄的基礎上來進行的。

以上所云為法國革命爆發以前的情形，……在其以後，戰爭就開始變成了人民的事情，而人民總數多到以百萬計，每個人都自認他是國家的公民，……但參加戰爭的是全國人民，而不僅是一個內閣和一個軍團，於是整個民族及其天然重量也就都被投在天平之上。因此，其可用的工具，其可作的努力，也就不再有任何固定的限制；戰爭本身的精力發洩不再受任何反制，所以其對於對方所構成的危險也就會升到極限。

此種軍事權力，以整個民族的實力為基礎，在歐洲橫衝直撞，如此確實而迅速的把一切的東西都打成粉碎，當它遭遇到舊式的軍隊，其勝負之數是毫無懷疑之餘地。

自從那時起，戰爭就成為一種整個民族的事務，也獲得了一種新性質，又或者可以說是遠較接近於其真實性質，遠較接近於其絕對完善程度。這也就是說戰爭已無明顯可見的限制，在政府與其人民的精力和熱心中，此種限制也就自動的消失了。由於工具數量的增大，可能導致範圍的擴寬，和感情刺激的增強，所以在戰爭指導中的精神也有了巨大的增加，其行動的目的為打倒敵人，除非敵人已被打倒，否則絕無停止或妥協的可能。

所以，戰爭的要素，擺脫了其傳統的束縛，連同其一切自然力量，遂一發不可收拾。其原因即為人民對於此種國家大事的參加。

是否這就是一種經常存在的情形，是否今後的戰爭都將會傾全國的力量來進行，所以也就只有為了與人民密切相關的巨大利益才會發生，抑或政府與人民利益分開的情形又會再度逐漸出現，以上所云是一個很難回答的問題。不過任何人都會同意於我們下述的看法：任何限制，就某種程度而言，都是因為對於已經可能發生的變化不自知才能存在，所以一旦被突破之後，也就很不易於重建；至少當所爭執的是重大利益時，雙方敵意的發洩一定是會像我們這個時代的形式一樣。（譯者註：即指克勞塞維茨本人所曾參加過的拿破崙戰爭時代而言。）

我們已經嘗試指出任何人在發動戰爭時，其所採取的目標和所使用的工具都是完全由他所處地位的特殊細節來決定；同時也帶著那個時代和一般關係的特性；最後，它們又經常受到從戰爭性質中所演繹出來的概括結論的支配。

（摘自第八篇，第四章）

四、以打倒敵人為戰爭的終點

在理論中戰爭的目的必須經常是打倒敵人，這也就是我們用作起點的基本觀念。現在，這個所謂打倒（overthrow）究竟應作何種解釋？那並非經常必須含有將敵國完全征服的意義。

在這裡所可以說明的理論是有如下述：最重要的就是必須注意雙方之間的支配關係。在這種關係中就一定有某種重心自動出現，那也就是一切權力和運動的中心，所有一切其他的事物也都依賴在它的上面，所以一切力量都應用來對敵方此種重心作集中的打擊。

在一個內部分裂的國家中，這種重心是位置在其首都上；在一個依賴大國的小國中，重心通常是位置在大國的軍隊上；在一個邦聯（confederacy）中，它是位置在利益的一致上；在一個民族的抗戰中，重心是領袖的本人和輿論（民意），以上所云各點也就是打擊所應指向的目標。假使敵人由於受到此種打擊而喪失其平，則不應讓他有時間來恢復它，所以必須朝著同一方面繼續不斷的打擊，或換言之，征服者必須經常將其打擊指向敵人的整體而非其部分。以優勢的兵力自可無困難征服敵方一個省區，但所應追求的卻應該是偉大的結果而不是確保此種不重要的征服。所以必須經常找出敵方權力的重心，並集中全力以來作孤注之一擲，這樣我們才能有效的打倒敵人。**但不管敵方權力的重心位置何處，克服和擊毀其軍隊仍為一種最確實的開始**，而在所有一切情況中，那也是最為必要的。

依照事實，我們認為下述幾種環境是足以達到打倒敵人的目的：

（一）假使就某種程度而言，敵方的軍隊是一種潛在力量，則應首先擊潰它。

（二）假使敵方首都既為國家權力中心，又為政治議會及當派的集中地，則應首先攻占它。

（三）假使敵方主要同盟國比其本身較強，則應首先對該同盟國作一種有效的打擊。

直到此時為止，我們經常是假定在戰爭中的敵人為一整體，這樣也就容許作一種非常概括性的考慮。但當我們已經說過使敵人屈服的手段即為克服其抵抗，那是集中在重心之上，以後，我們就要暫時把這個假定擱置在一邊，而談到所要應付的不僅為一個對手的情況。

假使兩個或兩國以上的國家聯合起來對抗另一個國家，則就政治方面來說，此種聯合仍然還是構成一個戰爭，同時此種政治聯合也有程度上的差異。

問題為：是否在此同盟中每個國家對於戰爭均有其獨立利益，和均有其獨立的兵力以來進行戰爭；又或是否其中有一個國家是其他國家所必須依賴其支援的。愈是像後述的情形，則也就愈容易把不同的敵人當作一個整體來看待，於是我們也就愈方便把我們的主要工作簡化成為一個偉大的打擊，而只要有這樣的可能，則那也就是最徹底和最完全的成功工具。

所以，我們可能要把它建立成為一種原則：假使我們能夠征服一個敵人即能征服所有一切的敵人，則擊敗它亦即為戰爭的目的，因為那也就是整個戰爭的共同重心。

我們現在就要轉而論及下述的問題：在何時這樣一個目的是可能和適當的？

第一，我們的兵力必須足夠：（一）對於敵人的兵力贏得一次決定性的勝利。（二）對於勝利作必要的擴張，達到這樣的一點使敵人不再可能繼續恢復其平衡。

其次，我們必須確知在我們的政治情況中，這樣的結果不至於刺激新的敵人起而謀我，他們也許會在某一點上壓迫我們使我們不得不放鬆第一個敵人（圍魏救趙）。

在戰爭中的一個行動，也像地球上其他的事物一樣，需要它的時間。但是戰爭中卻找不到時間與力量之間的任何相對作用，像在動力學中所發生的情形。

交戰雙方都同樣需要時間，但唯一的問題卻是：雙方的那一方面，依照其自己的地位來判斷，有較多的理由可以期待從時間中獲致特殊利益呢？除了特殊的情形以外，失敗的方面是顯然有較多的理由，而且同時那確實不是根據動力學的法則而是根據心理學的法則。妒嫉，為自己而憂慮，以及慷慨仗義等心理都是對不幸者的天然幫助：它們一方面使失敗者獲得友人，另一方面使勝利者喪失其同盟國。所以拖時間可以使情況有利於被征服者的機會多於有利於征服者的機會。此外，我們也已經說過，要想對第一次勝利作合理的利用，則需要花費大量的兵力，於是對於我方（攻擊者）資源的壓力也會隨之而增大，終於會達到無以為繼的程度。所以，時間本身也可能會帶來一種變化。

但若已征服的省區是足夠重要，其中含有若干對尚未征服部分的福利真有必要關係的重點，則這種禍害，也就會像癌細胞一樣，自動向整個體系作不停的破壞，在這樣的情形之下，征服者即令不再有進一步的作為，其所獲也還是可能多於所失。在這樣的環境中，假使沒有外援，則時間可能會完成已經開始了的工作；換言之，尚未被征服的部分也許會自動崩潰。於是時間也同時可能成為攻擊力量中的一個因素，但這卻只有在下述條件之下才會發生，那就是說被征服者已不再有發動反擊的可能，有利於他的局勢變化已不再可想像，所以，那也就是等於說此種力量因素（時間）對於征服者實已不再有任何價值，因為他已經完成其主要目的，極點的危險早已成為過去，簡言之，敵人是早已屈服。

在以上的分析中我們的目的是要明白指出任何征服的完成都是愈快愈好，假使讓時間超過絕對必要的限度，則結果將不會使它變得更便利，而只會使它變得更困難。

此種觀念使一種趨向於決定點的迅速、一貫的努力成為攻擊戰爭的必要特性，根據此種觀念，我們也就已經完全否決了下述的理論：即認為不應對勝利作一種繼續不懈的擴張，而應代之以一種遲緩和井井有條的行動，並認為那是比較確實而慎重的。

五、以較有限的目標為戰爭的終點

（摘自第八篇，第五章）

在所謂「打倒敵人」的說法之下，我們對於「戰爭行動」的真實絕對目標已經加以解釋；現在我們就要看當此種目標可能不存在的情況下，我們還剩下一些什麼事好做。

這種條件是假定享有巨大的物質或精神優勢，或一種偉大的進取精神，即敢於冒險犯難，不避驚險。當這種條件不存在時，於是在戰爭的行動中也就只可能有兩種目標：（一）征服敵國的某些小型或不重要的部分；（二）或防衛我們自己的領土等待較好的時機，後者也就是防禦戰爭的通常情況。

採取那種目標比較正確，在作決定時也就必須記著上述的有關第二種目標的一句話。**等待直到較有利的時機出現**，那也就是暗示我們有理由期待這種時機在未來將會出現。所以，在防禦戰爭中，等待經常是以此種希望為基礎；反而言之，在攻擊戰爭中，對於目前形勢的利用，又經常是因為假定未來是對敵方比對我方較為有利。

第三種情形，也許是最普通的，那就是雙方對於前途都無任何具體的希望，所以也就沒有尋求決定的動機。在此種情形之下，那一方面在政治上是侵略者，也就是具有積極動機的方面，才不得不採取攻擊行動。……

我們在這裡對於攻擊戰或防禦戰的決定是基於和雙方相對實力無關的立場，也許有人認為根據雙方軍事實力的強弱以來選擇攻擊或防禦是近似正確；但我們的意見卻認為如果這樣做，則我們也就剛好離開了正路。

讓我們假定有一個小國與一個遠占優勢的大國發生了衝突，並且預知每過一年，其地位也就會變得每況愈下，那麼既然戰爭終將無可倖免，那麼為什麼不在情況尚未變得更壞時就先動手呢？所以它必須攻擊，那不是因為攻擊的本身能保證任何利益——甚至於還會使雙方實力的差距變得更懸殊——而是因為這個國家必須在最惡劣的時間達到之前，先對問題作一作總解決，又或至少應趁這一段時間來獲致某些利益，以便後來可以抵帳。此種理論似乎不可能說是荒謬。但假使這個小國是確信敵國會先向它進攻，則它也就可以和應該利用防禦以來獲致第一步利益，在這種情形之下，無論如何是絕無喪失時間的危險。

再說，假使我們假定一個小國與大國發生戰爭，而未來對他們的決定並無影響，但如果小國在政治上是攻擊者，則它也還是應該勇敢的直趨其目標。假使它有這樣的勇氣在面對著優勢數量時仍敢採取一種積極的目標，那麼也就自然應攻擊敵人，除非敵人已經先採取行動。等待將是一種不合理的措施，除非正當執行時，這個國家又必改變其政治決定，這也是常有的情形，對於使戰爭具有一種不定性，其貢獻是非同小可。

以上這些對於有限目標的考慮是對於攻擊性和防禦性的戰爭都同樣適用。

六、作為一種政策工具的戰爭

（摘自第二篇，第三章及第八篇，第六章）

我們認為……戰爭並不屬於藝術和科學的領域，而是屬於社會生活的領域。那是一種用流血手段來解決的巨大利益衝突，而且也僅只因為如此所以和其他的鬥爭會有所不同。與其和任何藝術相比較，則最好還是把戰爭和商業競爭來比較，後者也是一種人類利益和活動的衝突，而它又更像國家政策（state policy），而後者本身也可能應視為一種大規模的商業競爭。此外，國家政策也就是一個子宮（womb），而戰爭是在其中發展成形，在國家政策之內，戰爭的輪廓已經隱約的存在，正好像生物的性質是隱藏在他們的胚胎中一樣。

戰爭的政治目標足以影響其軍事目標。當一個國家為了另一個國家的利益而參加戰爭時，我們是從來未曾見過它會像為其本身而戰時那樣的熱心；它只會派遣一支實力有限的助戰兵力，如果不成功，則這個同盟國也就會認為這個事件算是已經結束，並嘗試以最廉價的條件退出戰爭。

假使所允許提供的援軍完全交給受援國去運用，則似乎是比較符合戰爭的理論。但實際上卻往往不如此。通常這支同盟國所派遣的輔助兵力是有其自己的指揮官，並在目標和手段的選擇上只接受其本國政府的指導。

但甚至於當兩國向第三國進行戰爭時，他們對這個共同的敵國是否應加以毀滅，又或必須由他們本身來毀滅它，也經常不一定會有同樣的看法。

即令在一個沒有同盟國參加的戰爭中，戰爭的政治理由（利益）對於在戰爭中所使用的方法也還是具有重大的影響。假使我們只想要求敵人作一種小量的犧牲，則我們在戰爭中也就會以較小的目標為滿足，於是我們也就可以期待只用較溫和的努力以來獲致它們。敵方的推理也大致是與此類似。現在，假使有一方面發現在其計算上已經犯了錯誤，譬如說，他本以為比敵人略占優勢，而結果卻發現自己實際上是反居於劣勢；又或者在那個時候，金錢及所有其他的工具，以及士氣鬥志都頗感缺乏，在那樣的情況中，他所能做到的也就只可以說是「竭盡其所能」（**the best he can**）。雖然希望將來會好轉，但對於此種希望卻並無任何根據，而同時戰爭也就只會有氣無力的往下拖，像一個抱病的身體。

於是雙方也就會產生相互的反應，戰爭的動機日益減弱，雙方都在非常狹窄的領域中採取某種安全的行動。假使此種政治目標任其發生影響作用，則也就終於不再有任何限制，最後戰爭將變得不過是威脅敵人並且也會以談判為其結束。

所以，戰爭的理論，假使仍繼續為一種哲學研究，那麼在這裡也就明顯的會陷入困難之中。所有一切出自戰爭觀念的事物似乎都和它脫節，於是它也就有陷入孤立無援的危險。但一種天然的出路不久就會自動顯示出來，一種改變的原則開始對戰爭行動產生影響，又或者可以說，行動的動機變得愈微弱，則行動也就愈趨向一種消極抵抗，其重要性變得愈小時，則也就愈不需要指導原則。所有一切的軍事藝術也就自動變成僅為謹慎而已，其主要目的即為預防不穩定的平衡突然變得對我方不利，而使一半的戰爭變成完全的戰爭。

在檢討了戰爭的性質與個人及社會其他利益之間的關係之後，我們發現許多互相衝突的因素會彼此抵銷，於是也就會產生一種統一作用。……此種統一觀念即為**戰爭僅為政治關係之一部分，所以其本身並非一個獨立的事物**。

誠然，我們都知道，戰爭是透過政府與國家的政治關係才發生，但通常都是假定此種關係會被戰爭所破壞，於是隨之而來就是一種完全不同的事態，那是除了遵守其自己的法則以後即不再遵守其他的法則。

相反地，**我們卻認為戰爭不過是政治關係一種混合其他手段的延續**。我們之所以說是與其他手段混合，是為了表明此種政治關係並未被戰爭本身所切斷，也不曾變成任何其他性質不同的東西，就本質而言，不管所使用的手段在形式上有何種變化，但它卻仍繼續存在。換言之，戰爭是沿著政治關係的主要路線進行，而政策的一般性質也貫穿整個戰爭過程，直到和平出現時為止。我們又如何可以作其他的構想呢？是否外交通牒的停止交換即表示國家與政府之間的政治關係已經斷絕呢？戰爭對於政治思想是否僅為一種不同語文的寫作呢？**它誠然有其自己的語文，但卻並無其本身所特有的邏輯**。

所以，我們永遠不可使戰爭與政治關係脫節，假使在考慮問題時，居然這樣做了，則所有不同關係的線索，就某種限度而言，就都會被切斷，於是擺在我們面前的就會是一種無目標的無意識事物。

即令戰爭是完善的戰爭，也就是完全不受限制的敵對行動，此種觀念也仍然不可缺少，因為不管作為其基礎的是何種環境，決定其主要特性的是何種因素（雙方的權力，雙方的同盟，雙方人民與政府的特徵等等），它們還不都是具有政治性嗎？不都是與整個政治關係不可分嗎？假使我們更進一步考慮到現實戰爭，並非一種趨向極端的一貫努力，完全符合抽象的理想，而是一種一半對一半的事情，其本身即含有矛盾，則此種觀念也就更是加倍不可缺少。**因此，戰爭不可以遵從其自己的法則，而必須視為另外一種全體的一部分——而這個全體即為政策**。

假使戰爭是屬於政策，則它也自然會帶有政策的特性。假使政策是強大的，則戰爭也將如此，所以也就可能會使戰爭達到其**絕對形式**。所以採取這樣的看法，我們毋需把戰爭的絕對形式劃出視線之外，而應該經常將其保持在背景之上。唯有透過這樣的觀點，戰爭才能恢復其統一性；唯有利用這樣的觀點，我們才能把所有的戰爭看成一類東西。

誠然政治因素並不深入到戰爭的細節中。設立一個哨所，派遣一支巡邏隊，當然毋需基於政治考慮；但儘管在這一方面的影響是很小，但在替整個戰爭，或一個戰役，而且往往甚或一個會戰擬定計畫時，其影響就會很大。

所以，唯一的問題就是當替一個戰爭擬定計畫時，此種政治觀點是否應向純軍事觀點讓步（姑且假定有這樣觀點的存在），那也就是說，政治觀點應完全消失，或自動屈服於軍事觀點之下；又或是否政治仍為主要觀點，而軍事考慮應臣屬於其下。

若認為戰爭一經開始，則政治就應完全結束，那是只有在生死的決鬥中，一種出於純粹仇恨心理的鬥爭中，才可以作這樣的想像。至於在現實中的戰爭，它們是誠如我們在上文中所已經說過的，不過僅為政策本身的一種表示而已。所以政治觀點對軍事觀點的屈服將違反常識；**戰爭是由政策所宣布，政策為主體，而戰爭只是它的工具，因此本末不可倒置**。換言之，軍事觀點臣屬於政治觀點也就是唯一具有可能性的事實。

假使當我們考慮現實戰爭的性質時，並且同時注意戰爭應視為一個有機化的整體，其每一個分布都不能與整體分離，一切個別活動也都是出自這個整體，則我們也就可以斷言，對於戰爭指導而言，其最高的境界也就是政策。

一言以蔽之曰，從其最高的觀點而言，戰爭藝術即為政策，不過毫無疑問，那是一種打仗的而不是舞文弄墨的政策。

基於此種觀點，如果把一項偉大的軍事行動，或是對它的計畫，委之於一**種純軍事的判斷和決定**，那是顯然不可容許；基於在戰爭的計畫上，徵詢職業軍人的意見也都是一種不合理的措施，因為他們對於內閣所應做的事情可能會提供一種**純粹軍事性的意見**。……戰爭的主要大綱經常是由內閣來決定，那顯然是一種政治而非軍事機構。

這是十分自然的，戰爭所需要的主要計畫若不透視政治關係則也就無從作為。實際上，人們時常說的政策對於戰爭指導的不利影響是文不對題，他們所指的是另外一回事。應該指責的不是此種影響而是政策的本身。如果政策是正確的，即能成功的達到目標，則其對戰爭的影響只會有利無害。假使政策的影響使戰爭脫離了目標，則其原因即為政策本身的錯誤。

僅當政策希望從某種軍事手段和措施中獲致一種錯誤的效果時，那也就是違反它們本質的效果，然後才可能對戰爭產生不利的影響。……政策，儘管有正確的意圖，但也時常可能會要求與本身觀點不符合的事物。這樣的情形是經常發生，也顯示某種有關戰爭性質的知識對於政治關係的管理是具有必要性。

所以我們應再度重述一遍：戰爭是政策的工具，前者必須具有後者的特性，也必須配合它的尺度。所以戰爭指導，就其大體而言，即為政策的本身，它雖然用劍來代替筆，但卻並不因此而就停止依照其本身的法則來思考。

七、有限目標：攻擊

（摘自第八篇，第七章）

即令不可能用完全打倒敵人來作為目標，但也仍然還是有直接積極目標之存在，而此種積極目標除了征服敵人國家的一部分以外也就可能更無他物。

這種征服的用途是有如下述：（一）我們可以普遍地減弱敵人的資源，當然包括其軍事權力在內，而且同時也增強我們自己的資源；（二）所以我們能推進戰爭，就某種程度而言，也就是以敵人為犧牲；（三）在和平談判中，對敵方領土的占領可能要算是純淨收穫，因為我們可以保持它或用以交換其他的利益。

此種征服敵方一部分土地的觀念是非常自然，若非接著在攻擊之後所發展的防禦態勢時常可能產生不安，否則也就可以說是無懈可擊。在我們有關勝利頂點的討論中，曾經充分解釋這樣的攻擊將會如何減弱戰鬥兵力，而且可能會引起一種對前途感到憂慮的情況。

征服敵方一部分領土對我方戰鬥兵力所發生的減弱作用也有其程度上的差異，這主要是要看這一部分領土的地理位置而定。假使它愈接近我方領土，又或是被包圍在我方領土之內，以及愈在我方主力的方向上，則對於我們戰鬥兵力的減弱作用也就愈小。反而言之，若被征服的地區是一條夾在敵方省區之間的狹長地帶，以及具有一種偏心的位置和不利的地形，則其減弱作用之增加將會如此顯明，以至於一個勝利的會戰對於敵人將不僅變得遠較容易，而且甚至於會無此必要。

所以，我們應否指向這樣的目標，那是要看我們是否能夠守住所征服的土地，或一個暫時的占領是否值得所需要的兵力消耗，又或我們是否不曾考慮這樣一個猛烈的反擊將會完全毀滅兵力的平衡。在討論頂點的那一節中，我們對每一特殊情況中的問題都已給與適當的考慮。在這裡我們只有下述一點應予以補充。

這種攻擊並非經常可以抵補我們在其他點上的損失。當我們正在某一點上致力於達成一種部分性的征服時，敵人也可能在其他的點上採取同樣的行動，假使我們的攻擊並不具有重大重要性，則也就不足以迫使敵人放棄他的行動。所以在這樣的情況之下，我們是否將得不償失，實在是一個值得認真考慮的問題。

即令我們假定敵我雙方的兩個省區是價值相等，但是我們由於喪失一省而受到的損失，經常是會比由於取得敵方一省而獲致的收穫要大些，因為我們有一部分兵力就某種程度而言將會變得無效。不過敵方的情形也應該是一樣的，所以遂有人認為保持自己的領土實際上並不比征服敵國的領土更為重要。但事實上並非如此。保持自己的領土往往是我們比較更深切關心的事情，所以除非收穫是遠較重大，否則是很難抵銷我們本國所受的損失（這是一個心理問題）。

所以，**當一個戰略攻擊僅指向次要目標時，則對於此種攻擊所不能直接掩護的其他各點勢必要採取防禦步驟；反之，若攻擊直指敵方兵力的重心，則此種需要即可大量減輕**。所以在前一種攻擊中，兵力在時間和空間中的集中是不可能達到和後者同等的程度。至少就時間而言，為了達到可能集中的目的，必須盡可能在每一點上都同時進攻，所以這種攻擊遂又喪失了另外一種利益：即不能在某些特殊點上以遠較少量的兵力來採取守勢。這樣也就是說當指向次要目標時，結果是使所有一切的行動都趨向一條水平線，於是整個戰爭行動也就不能集中在一項主要的任務上。兵力比較分散，到處的摩擦也變得比較大，所以受到機會影響的程度也比較大。

此凡事物的自然趨勢，指揮官是會受到它的拖累，發現他自己日益受到中和化（neutralized）。所以他也就勢必會企圖傾全力來擺脫此種趨勢，為了使某一點具有壓倒的重要性（即使其成為攻擊的重心），甚至於不惜甘冒較大的危險。

（摘自第八篇，第八章）

八、有限目標：防禦

防禦戰的最後目標也不可能永遠是絕對消極性的，其解釋已見前述。即令是最弱者，也還是必須在某些點上威脅敵人。

誠然我們可能說這個目標就是消耗對方，由於他具有一種積極目標，所以每當其打擊遭遇失敗時，即令只有其所用兵力的損失，實際上仍應算是一種敗退；反之防禦者所受的損失並非白費，因為其目的即為保持，而這一點是已經做到了。這也似乎是說保持即為防禦者的積極目標，假使若能確定攻擊者在作了若干次無結果的企圖之後即將廢然而返，則這樣的理論也就可能是正確的。但所缺乏的正是此種必要的後果。假使專以兵力的消耗而論，則防禦者實居於不利的地位。所謂攻擊者變弱之說，那只是就它可能達到一個轉向點的意識而言；假使我們把那個假定擺在一邊，則減弱的速度必然是守方要比攻方較快。因為：第一，守方本來就是兵力較弱，所以假使雙方損失相等，則實際上是他的損失較重；第二，通常他也會被奪去一部分領土和資源。所以，我們無理由可以期待攻擊將會自動停止。如果攻擊者一再打擊，而防禦者除坐待以外即毫無其他作為，則他遲早終將失敗的危險也就會相當的巨大。

雖然實際上，兵力的消耗，或強者兵力的減弱，曾在許多例證中帶來了和平，這也就是說在戰爭中不能獲致決定性結果，其情形是非常普遍；但就哲理而言，卻不能說此即為任何防禦戰的一般和最後目標。所以，防禦必須在「等待」的觀念中尋找其目標。此種觀念本身中又包括著環境的改變或情況的改善，而那又不是僅憑內在的手段（即純粹防禦的本身）可以獲致，而必須有賴於外援。換言之，除非政治關係有所改變才會使情況有所改善，即防禦者能獲得新的同盟國援助，又或攻擊者的原有同盟關係發生破裂。

這裡所說的是專指防禦者，因為兵力太弱，所以不容許他們考慮任何重要反擊的情形。但這並非所有一切防禦戰的通性。由於我們一向認為防禦是一種較強的戰爭形式，所以也就暗示在防禦的過程中是早已在計畫一種重要性多少不等的反攻。以上所說的兩種情形是從一開始就應把它們分開，因為它們於防禦具有不同的影響。

在第一種情況中，防禦者的目的即為保持其自己的國土，其時間是愈長就愈好，因為這樣他也就可以爭取最大量的時間，而爭取時間也正是達到其目的的唯一途徑。在多數情況中其可以達到的積極目的即為使他在和平的談判中有機會實現他的理想，但這卻不能包括在戰爭計畫之內，在此種戰略消極性的狀況中，防禦者在某些點所可能獲得的利益也就只是逐退了部分性的攻擊。對於在那些點上所獲得的優勢，他將會嘗試使其對其他各點的戰局有所貢獻，因為概括說來，他是在所有各點上都受到重壓。假使連這一點都做不到，那麼他經常所能獲得的就不過是敵人容許他喘一口氣的小利而已。假使防禦者的兵力並非太弱，則他也可以採取小規模的攻擊行動，但對於此種防禦戰的目標和本質卻並無任何改變。

但在第二種情況中，防禦者是在內心裡早就已經有一種積極目標的存在。其環境所容許的反擊愈大則防禦本身所含有的積極性格也就愈多。換言之，愈是自動採取防禦姿態以求能使其第一下反擊準確有效的防禦者，則其所使用的誘敵手段也就愈勇敢。最勇敢的行動即為向內地退卻，如果能成功，則其效力也就愈大；這也同時顯示此種防禦是大小不相同。除非採取積極措施，否則絕不可能獲得偉大積極的成功。**簡言之，即令採取守勢，也除非敢於冒險，否則絕無巨大的收穫可言。**

第九章
游擊戰

這一節是出自《戰爭論》第六篇（防禦）的第二十六章（全國皆兵）。由於游擊戰和反叛亂戰在當前世界的重要性，所以特別在此將它提出來作為一個專章，而不把它列為防禦章中的一部分。當然，克勞塞維茨所寫的是歐洲環境中的「人民戰爭」，不過其中大多數理論對於亞洲也還是照樣適用。

一般說來，人民戰爭（people's war）是近代軍事因素超越了其正式極限而引起的爆炸後果，也就是我們所謂「戰爭」的全部激動過程之擴大和加強。假使我們以過去時代的有限軍事體系為起點，則全國皆兵，全民武裝也都是朝著同一方面的推進而已。概括言之，對於游擊戰善於利用的民族比起輕視此種利用的民族是將會獲得相當程度的優勢。有人認為被人民戰爭所吞食的資源，如果用來提供其他的軍事工具，則也許還更為有利，不過這種說法卻是缺乏深入的思考，因為那些資源大部分都並非可以隨意的加以運用。其中的必要部分之一，即**精神因素**，那是必須先有這樣的戰爭，否則也就根本不會存在。

所以我們不要問：這樣全國皆兵所作的抵抗對於那個國家而言，其成本是多大？但我們卻應問：這樣的抵抗所能產生的是什麼效果？什麼是它的條件？以及對它應如何使用？

廣泛分散的防禦工具是並不適合於要在時間和空間中採取集中行動的巨大打擊。其行動與地面有密切關係。地面愈廣，與敵軍的接觸愈多，於是敵軍也就愈分散，而全國皆兵的效力也就愈大。像一種緩慢逐漸的熱力，它可以毀滅敵軍的基礎，由於需要時間才能產生其效果，所以也就會有兩種情形發生的可能：一種是此起彼伏，火焰終於逐漸熄滅；另一種是終於勢成燎原，而迫使敵軍不得不撤出我國以避免最後的毀滅。不過假使希望專憑民族戰爭來造成這樣的結果，則除非侵入軍的兵力與這個國家的面積太不成比例，否則事實上是很難成功。所以，我們必須假定有正規軍的作戰以與人民戰爭相配合，而二者又都是依照一個整體性的計畫來進行。

僅憑人民戰爭能夠生效的條件可以列舉如下：

(一)戰爭是在國家的心臟地區中進行。
(二)那不是一場慘敗即能決定勝負。
(三)戰場包括國家的相當巨大部分。
(四)民族性適合於這一類的措施。
(五)國家具有破碎和困難的地形，例如山地沼澤、森林，或特殊的種植形式。

人口稠密與否並無太多關係，通常都是很少會感到人力缺乏。居民的貧富也不是一個決定性因素，至少不應該如此。不過應承認貧苦的人民是比較慣於勞苦的工作和生活，通常比較有活力和較適應戰爭。

一種對人民戰爭最有利的條件是鄉村居民分散得很遠。所以有掩蔽的地點也就較多，道路雖惡劣但也同時四通八達。**人民戰爭的原則是到處都有抵抗，但卻沒有一個地方是確實的**。假使居民都聚居在村落中，則敵人也就可以比較易於用搶劫和燒房子來作為一種懲罰手段。

民兵和武裝農民不可也不應用來對抗敵軍的主力，甚至相當強大的支隊。他們不應企圖攻堅，而只應作表面上的騷擾。……我們對人民戰爭萬不可以存萬能的幻想，不要以為那是一種取之不盡、用之不竭，和無從征服的力量，不要以為正規軍對它是毫無辦法，好像人類的意志對於天然的風雨是毫無控制力一樣。儘管如此，我們又必須承認武裝的農民和一支軍隊大不相同，後者是好像一群牲畜，通常都是在驅策之下，朝著一個方向前進。武裝農民則不同，當被擊破時，會朝著各種不同方向分散，對於他們毋需正式的計畫。在這樣的環境中，小型正規部隊在山地、森林，或其他惡劣地形中行軍，也就變成一種非常危險的行動，因為在行軍途中隨時都可能有戰鬥發生；即令有時並未發現對方的兵力，但行軍縱隊頭部所已經逐退的同一群農民，又可能隨時在縱隊的後方出現。……敵軍除了分派許多小型支隊去保護運輸縱列，和占領軍事據點、隘道、橋梁等，即更無其他的手段可以對抗民兵的行動。由於民兵的最初努力都是小規模的，所以派出支隊的兵力也都是很薄弱，因為在原則上是切忌對兵力作巨大的分散。但民族戰爭的火焰也就正是要在這些小型支隊上點燃，當他們在某些點上為民兵的數量所壓倒時，於是民兵的勇氣也就會隨之而升高，戰志隨之而發揚，接著這種鬥爭的熱忱就會不斷的增加，直到足以決定勝負的高潮來到時為止。

人民戰爭絕不應凝結成為一個固體，否則敵人將會派遣一支適當的兵力直搗其核心，將其擊碎，並捕獲大量的俘虜；於是民兵的勇氣就會隨之而低落，每個人都以為主要問題已經解決，而任何進一步的努力也就似乎毫無用處，所以人民也就會自動放下其武器；但反而言之，這種像霧一樣的民兵在某些點上又應集中成為較厚密的質量，於是在烏雲密布之中也就可能會時常發出可怕的閃電。這些點通常都是在敵軍戰場的側面上，……在那裡民兵應有較大型和較有系統的組織，並用小型正規兵力來加以支援，以使其具有正規部隊的外表，和足以適合較大規模的作戰。從這些點上，**當民兵逐漸趨向於敵軍後方時，其組織的非正規性也就成比例地降低**；而敵軍在其後方也正暴露在最艱巨的打擊之下。這些組織較佳的民兵是以攻擊敵軍留在後方的較大駐防兵力為目的。此外，他們也用來創造一種不安和恐怖感，並增強對敵軍全體的心理印象，若是沒有他們，則整個行動都將感到乏力，而敵軍的情況也不會變得那樣坐立不安。

一位將軍要想產生此種比較有效形式的全民武裝，最容易的方式即為從陸軍中派出小型支隊以來支援此種運動。……但這也自有其限度：第一，為了此種次要目的而分散兵力，對於主力本身而言，是頗為不利，很可能會使正規軍和民兵都同歸於失敗。第二，經驗似乎告訴我們在一個地區中若是正規部隊太多，則人民戰爭也就會喪失其活力和效率。其原因又可以分為下述三點：（一）因為會有太多的敵軍部隊被吸入這個地區；（二）居民將依賴自己的正規部隊，而不必去打游擊；（三）因為大量正規部隊的出現，所以在其他的方面對於民力也就會產生巨大的要求，例如供給食宿運輸等，所以也就會無餘力來組織民兵。

另一種阻止敵人對此種全民戰爭採取任何嚴重反應的手段，同時也是在此種民兵使用方法中的一項基本原則。那也就是，通常有了此種偉大的戰略性防禦工具，於是戰術防禦也就幾乎可以完全不需要。民兵戰鬥的特點，是和所有其他素質低劣的大量部隊戰鬥時的情形大致類似，他們在戰鬥開始時是來勢頗洶，但戰鬥延長時卻缺乏冷靜和耐力。此外，擊潰一部分民兵是不會產生物質性的後果，因為他們是慣於化整為零，但是若能使其受到相當慘重的損失（死傷及俘虜），則很快就可以使其銳氣消磨。但這些特點都和戰術防禦的本質相反。在防禦戰鬥中，必須是一種堅持緩慢而有系統的行，而且必須甘冒巨大的危險，假使我們只想嘗試一下，情況不利馬上就隨意擺脫戰鬥，則絕不可能獲致防禦的效果。所以若把某一部分國土的防禦責任託付給民兵，則必須慎重小心不讓此種措施導致正規的大型防禦戰鬥；因為即令環境是對他們極為有利，結果也一定還是會被擊敗。所以，他們可能和應該附守趨向山地的要道、堤防、河川渡口等，時間愈長就愈好，但一旦被突破後，他們應化整為零，而繼續用突擊的方式以來達到防禦目的，而萬不可以集中兵力而使自己陷於圍困之中。不管一個民族是如何英勇，不管其習慣是如何好戰，不管其對敵人的仇恨是如何強烈，不管其地形如何有利，但在一種太充滿危險的氣氛中，人民戰爭是不能繼續維持，實乃一種不可否認的事實。

防禦的戰略計畫在其本身中可以用兩種不同的方式以來包括全民武裝的合作：（一）**作為會戰失敗之後的一種最後本錢**；（二）**在決定性會戰之前作為一種自然的協助**。後述的情況也必須假定先向本國內地撤退。……我們在這裡只準備對於民兵在會戰失敗後的任務略加少許分析。

任何國家都不應相信其命運，也就是其整個生存是依賴在一次單獨的會戰上，即令那是最具有決定性的亦復如此。假使它是被擊敗了，若能號召新的力量，再加上攻擊者的天然減弱，也就可能帶來一種幸運的轉機，或來自國外的援助。正好像落水的人會抓著一根稻草，一個民族也自然的會嘗試使用一切最後的手段以來拯救其危亡。

比起它的敵人，一個國家不管它是如何弱小，若是作困獸之鬥，則其勢仍不可侮。當然為了避免完全的毀滅，它也可能不惜一切犧牲以來換取和平，但這個目的卻並不與採取新的防禦措施（即全民抗戰）相衝突，那不特不會使和平變得更困難和更惡劣，而只會使其變得更容易和更良好。假使有其他國家是認為保持我們的政治生存對他們有利而願意給與援助時，則這種抵抗是尤其需要。所以任何政府在輸掉一次大會戰之後，絕不可意志消沉，就一心只想求和，而必須力圖振作，採取全民抗戰的方式以求轉敗為勝。

附錄一

論克勞塞維茨《戰爭論》

鈕先鍾

一、引　言

提起克勞塞維茨和他的鉅著《戰爭論》（*On War*，德文為*Vom Kriege*），真可以說無人不知。但誠如德國史學家羅特費斯（Hans Rothfels）所指出，知道克勞塞維茨大名的人很多，引述其名言的人也不少，但認真讀過《戰爭論》的人卻並不多，而真正能了解其真義的人則更是少之又少。

這部經典名著為什麼會這樣受到尊重，而同時又那樣令人難以了解，在學術界似乎已成猜不透的啞謎。波灣戰爭使克勞塞維茨也和中國的孫子一樣在全世界上受到重視。究竟《戰爭論》的最大價值在那裡？克勞塞維茨與其他軍事思想家相比較，其獨步千古的特點又在那裡？已經有許多人對這些問題發表高見，但至少到今天仍然沒有定論，這也許就正是克勞塞維茨的思想特別迷人的原因。

法國已故的戰略大師雷蒙阿宏（Raymond Aron）認為《戰爭論》只是一份不完全而又未經修飾的初稿，這也就是其易於引起誤解的主因。克勞塞維茨是對於他自己的觀念愈研究就愈深入，所以他也就一再地修改其著作，但不幸他突然病逝，於是也就未能將其全部思想發展完成，只剩下其當中的第一篇第一章才算是他所自認為的定稿。

協助完成最新英文全譯本的彼德巴芮特（Peter Paret）則提出另一種解釋。他認為《戰爭論》

之所以受到許多的扭曲和誤解，其原因是後世讀者缺乏歷史意識，不能了解克勞塞維茨所代表的時代精神（zeitgeist）。

最後，以色列戰略家韓德爾（Michael Handel）則認為最主要的原因是戰爭的本身已有很大的改變，不過他還是承認人性、政治，和邏輯並無改變。但技術因素所帶來的改變使克勞塞維茨的理論難以適應。

以上所云不過略舉數例而已。雖然這些發言者都可算是當代名家，但他們所提出的答案也還是不能令人感到完全滿意。這似乎足以證明克勞塞維茨的確是曠世奇才，其思想的微妙、精深的確不易了解。作者雖不敢以名家自居，但曾苦讀《戰爭論》達數十次，並曾作過三次中譯工作，自問對《戰爭論》多少也有點特殊的了解，所以也就敢於把若干已見發表出來以供讀者參考，並盼不吝指教。

二、《戰爭論》的主題

許多閱讀、研究、評論《戰爭論》的人往往都犯了一項基本錯誤，那就是根本不曾了解這部書的性質和主題。因此，也就自然會產生許多不必要的誤解。事實上，克勞塞維茨本人對此有非常明確的表示，因為其書名為《戰爭論》，其書第一篇名為〈論戰爭性質〉，第一章的標題為

「什麼是戰爭?」所以，這還不明白?克勞塞維茨所想研究的主題即為戰爭的本身（itself）。這也就是他與其他軍事思想家之間的最大差異。

有人類就有戰爭，但人類在幾千年的歷史中打了無數次的戰爭，卻又還是很少有人研究和了解戰爭究竟是什麼。即令到今天，真正研究這個問題的人也還是像鳳毛麟角一樣地稀少，而在克勞塞維茨的時代，甚至於在其以後的百餘年間，都可以說更無他人從事此種研究，所以克勞塞維茨不僅的確是天下一人，而且也幾乎是古今一人。

古今中外的軍事學術著作幾乎都有一個共同目標，那就是教其讀者怎樣贏得戰爭。換言之，就是教人怎樣打仗，所謂戰略或戰術，其基本內容都是如此。至於戰爭的本質為何，幾乎從來沒有人加以研究，甚至於也無人認為那是有值得研究的必要。也許從歷史中去尋找，只有克勞塞維茨的《戰爭論》為唯一的例外。

這又正是其著作被人認為難以了解的主因。因為他所教的是讀者所不想學的，而讀者所想學的又是他所不想重視的和不想教的。《戰爭論》是一部相當冗長的大書，因為並未加以精簡而在身後由其夫人以初稿付印，所以其內容是相當龐雜。書中雖然曾經談到許多的觀念或問題，但嚴格說來，並非全部都與真正的主題有必要的關係。也許克勞塞維茨若不早逝，則由他本人最後出版不朽傑作時，我們所看到的是一本與現存的《戰爭論》面目完全不同的書。僅憑想像就可以知道那一定是一本像第一章那樣簡潔而有條理的書，內容不會那樣拉雜，文字也不會那樣難懂。但可惜上帝的安排並非如此。

因此，讀《戰爭論》的人，必須知道其本末之所在而有所取捨。我國的《孫子兵法》是一本非常簡潔的書（不過六千字左右），但也並非每一句都同樣重要，何況像《戰爭論》那樣冗長的書，所以必須重視對其精髓的吸收，而不應對其內容作無選擇的採納。

克勞塞維茨是職業軍人出身，歷經拿破崙戰爭，半生戎馬，對於怎樣打仗他應該已有很多的經驗。但等到戰爭結束之後，由於投閒置散使他有時間來思考和反省，於是憑著其過人的天才，遂想到這個從未有人注意的主題：戰爭究竟是什麼？這樣遂觸發其靈感，終於寫出其未完成的傑作。克勞塞維茨對於其專業以外的學識都是無師自通，他的治學方法也是別出心裁，獨創一格。他雖然在思想上深受十八世紀啟明時代（enlightenment）的影響，但他只能算是一個哲學孤兒（philosophical orphan），並不屬於任何門派。說起來似乎很諷刺，像克勞塞維茨這樣的奇才，當時軍人認為他是不務正業，文人認為他是不倫不類，假使不是其弟子老毛奇（Helmuth von Moltke）三戰三勝，做了德意志第二帝國的開國元勛，可能到今天已經沒有人知道他是誰了。

儘管如此，《戰爭論》到今天已成不朽之作，而其主題也已受到肯定。不僅軍人視《戰爭論》為經典，而戰爭研究（war studies）也已成學院中的正常課程。然而克勞塞維茨憑著天才和努力，對於戰爭本質所獲得的基認知又是什麼？這正是讀《戰爭論》的人所必須了解的問題。

三、三種不同的認知

整部《戰爭論》中最值得重視的即為第一篇第一章，因為那也正是克勞塞維茨本人所自認為滿意的一章，足以代表其思想的精華。他在這一章中，前後曾對戰爭的性質作了三種不同的闡明，我們不能說這就是他對戰爭所下的定義，因為他自己說：「我將不以擬定一個粗略的戰爭定義為開始，而直接指向問題的中心。」事實上，在他那個時代尚無今日學術界所流行的方法學（methodology），所以不作明確界定也不足怪。不過，克勞塞維茨又確是一位超時代的奇人，他所用的治學方法有些仍令現代學者也深表佩服。

他首先指出：「戰爭不過是一種較大規模的決鬥（dual，德文為zweitkampf）而已，……一種強迫敵人遵從我方意志的行動。」因為雙方有相同的意圖都想擊敗對方，所以戰爭是一種「互動」（interaction，舊譯相互作用）。甲方的行動會引起乙方的反應，而乙方的反應又會再引起甲方的反應，這樣循環下去直到有一方面力竭屈服為止，所以戰爭的發展不是某一方面所能單獨決定，而必然是互動的結果。

克勞塞維茨認為依照抽象的邏輯，戰爭的成本和努力都應無限地升高，但他又強調說明這和人類經驗違背，因為人類行動經常會受到某些限制。所以無限戰爭只能存在於抽象的情況之中。實際戰爭一定會受到環境的限制。因此，他作成三點結論：（一）戰爭從來不是孤立行動；（二）

戰爭不僅為單獨短促的打擊；（三）戰爭中結果從來不是最後的。

克勞塞維茨所最重視的環境因素即為政治情況，並認為那是必須加以審慎考慮。他指出：「同一政治目的可以對不同的人引起不同的反應，甚至在不同的時候對於同一人而言也是如此。……在兩人和兩國之間，可以有那樣緊張情況，那樣易燃物質的存在，以至於只要一個極輕微的爭吵，即可產生一種完全不成比例的效果，一種真正的爆炸。」

克勞塞維茨如此重視政治情況的變化是和許多其他理論家大異其趣，因為他們在研究戰爭時所注意的往往都是偏重易於量化的物質因素，例如武器、後勤，對政治環境的思考遂又使他對戰爭獲得第二種認知，那也就是其經常被人引用的名言：「戰爭不過是政策（治）用其他手段的延續。」在此要附帶說明，德文中的「politik」本有政策（policy）和政治（politik）兩種意義，不過照原文看來，克勞塞維茨似乎是指政策而言。他認為戰爭永無自主地位，它經常為政策的工具（手段），用以達到政治目的。不過他又說：「政治目的並非暴君，必須使其本身適應所選擇的工具，而這又可能使其發生徹底改變，但政治目的仍為第一考慮。」

此種目的與手段之間的關係顯然不是固定的，而有極大的彈性，而且彼此間經常形成一種互動或回饋。這也正是其最微妙的性質，克勞塞維茨由此遂又產生對於戰爭的第三種認知，而這也是最複雜的一種，並構成第一章的總結。他說：

> 戰爭不僅像一隻真正的變色蜥蜴（chameleon），輕微改變其特性以適應某種特定情況。作為一種總體現象，其主要趨勢又經常使戰爭成為一種顯著的三位一體（trinity），包括著：（一）原始暴力、仇恨，和敵意，那都視為一種盲目的自然力。（二）機會和機率的作用，而創造精神在其中自由活動。（三）服從的要素，作為一種政策工具，使其僅受理性的支配。
>
> 此三方面的第一種主要是和人民發生關係，第二種為指揮官及其軍隊，第三種則為政府。……理論若忽視三者中的任何一種，或企圖在他們之間固定一種武斷的關係，則將與現實衝突。……所以我們的任務就是要發展一種在此三種趨勢之間維持平衡的理論，好像一個空懸在三塊磁石（magnets）之間的東西一樣。

以上所云即為克勞塞維茨對於戰爭的三點基本認知。此三者之間不僅彼此關聯，而且還代表三個層次：（一）最低為原始暴力的層次；（二）其次為目的與手段的層次；（三）最高為三位一體的層次。但無論那一層次，戰爭都是一種互動，暴力都會受到限制，無限戰爭只能存在於純粹幻想之中。簡言之，現實戰爭是相對而非絕對的。

從《戰爭論》中可以發現克勞塞維茨很喜歡使用比喻（metaphor）。這也並不稀奇，中國古人尤其是佛經也都常用此種方法。其原因是所謂哲理者實在很難解釋，不如打一個比喻讓讀者自己去領會。所以，讀其書必須深思，否則很難了解其真義。從其所用的比喻中又可發現他在治學方法領域所具有的特點：（一）他的思想是動態的而非靜態的。當時或以前的軍事學家都愛用幾何學的名詞或圖形來解釋戰爭原則。他卻不以為然，他尤其不贊成把戰略變得較科學化的企圖。他說：「綜合性戰爭理論主要任務之一就是要破除此種謬論。」（二）反而言之，他本人對於當時的「高科技」（high-tech）卻很有研究，尤以物理學名詞，例如「摩擦」和「機率」等。這也是其著作對於某些人變得難於了解的原因之一。（三）最後，他還有一種與多數學者都不相同的習性是特別值得提出。一般治學的人都有一種追求簡化（simplification）的意願，也就是希望能把複雜的事項簡化成為法則、規律，或原則（law, rule or principle），這也就是所謂科學化。克勞塞維茨卻不作這樣的想法。他不特不求簡，反而又使其所研究的主題有變得愈來愈複雜的趨勢，這也正是其著作變得非常冗長而難讀的原因之一。一般學者都企圖建立一個常規（normality），也就是法則，而把一切不合於常規的東西都視為例外。他卻不承認有所謂例外之存在，而認為例外本來就是正常，戰爭的本質就是這樣複雜，所以在其領域中也就不可能有法則（law）之存在。

他這種寧繁勿簡，寧缺勿濫的精神似乎與我國孔子所指示的「毋欲速，毋見小利」的觀念頗有暗合之處，於是遂又導致其所特有的治學方法，即所謂「精密分析」。《戰爭論》第二篇第五章的標題德文為「kititk」，英文譯為「critical analysis」，中文譯為「精密分析」。為什麼這樣譯，英譯本的主譯者何華德曾作解釋如下：「德文名詞『kritik』在這裡的意義為鑑定

（critique）、精密分析、評估（evaluation），和解釋（imterpretation），而不是批評（criticism）。」但最近有人根據德文譯《戰爭論》居然還是把「kritik」譯成「批評」。實際上，只要把原書仔細看一遍，即可發現「批評」二字用於此處是不適當。克勞塞維茨說：「最重要的就是分析每一件事物直到其基本因素，直到無可爭論的真理（相）為止。」精密分析為其所特有的治學方法，尤其在那個時代更可以說是前無古人，非常令人欣賞。何華德曾認為他的方法可以作為任何當代戰略思想家的良好起點。

四、互動與不可預測

克勞塞維茨從對戰爭的最基本認知（決鬥）中發現戰爭的互動性，並指出這是其同時諸子所忽視的事實。在其書第二篇第三章中，他曾考慮戰爭的研究是藝術還是科學的問題。其結論為都不是。他說：「主要的差異為戰爭並非一種對無生命物質的意志使用，例如機械藝術（mechanical art）中的情形，又非對一種有生命但消極和退讓的物質，例如在美術（fine arts）中對人類心靈和感情的情形。在戰爭中，意志是指向有反作用的有生命目標。很明顯，在藝術和科學中所使用的一切方法對此種活動都不適用。」尤其是軍事行動所產生的又並非一種單一（single）或單純（simple）的反應，而是一種非常複雜的互動。

所以，他說：「軍事行動的第二特徵是必須期待積極反應（positive reaction），於是也就會產生互動的程序。在這裡我們所關心的不是如何計算這種反應的問題，而是此種互動的本質注定將使其變得不可預測（unpredictable）的事實。」

他又進一步指出：「互動並非僅限於敵我雙方之間，在每一方面之內，戰爭的發展也會產生各種不同的互動。」他在第四篇第十章有云：「勝利的規模並非僅只隨著被擊敗兵力的大小作成比例的增加，而是成級數的增加。一個大規模會戰的結局對於失敗者的心理效果是遠比對勝利者較大。這又對物質力量造成額外損失，並進一步在士氣上產生回響，二者交相為用，彼此增強。」

此外，他又斷言：「在戰爭中也像在一般人生中一樣，全體所有的各部分是彼此相連，所以不管原因是如何渺小，其所產生的效果必然影響所有一切爾後的軍事行動，並且改變其最後結果達到某種程度。同樣地，一切手段也必然影響最後目的。」

克勞塞維茨之所以如此強調戰爭中的互動性，當然不會不引起後世學者的注意。有人認為他在思想上是深受黑格爾辯證法（Hegelian Dialectie）的影響。阿宏和何華德都傾向此種看法。但也有人認為其思想是直接導源於康德的二元論，與辯證法只是貌似而已。這些見解雖都言之成理，但事實上與《戰爭論》的研究並無太多關係。嚴格說，把克勞塞維茨視為「戰爭哲學家」只是後人的看法，他本人絕未以哲學家自居，而且他還要求「任何理論家，以及任何指揮官，都不應鑽進心理學和哲學的牛角尖。」至少，在他的書中找不到任何證據足以證明他曾採用形式化的辯證法。

在另一方面，克勞塞維茨的確和孫子相似，有採取二元論的趨勢。但他又知道所謂二元者並非絕對相反，彼此不相容，而是一種同時存在，彼此互賴的觀念。尤其是並非二者之間有明顯界線之存在，而是互相融合，相輔相成。所以，在作理論分析時固應有明確的界定，但在現實環境中，任何觀念都會表現出其模糊性，而在他們之間又必然重疊和互賴。克勞塞維茨對於此種模糊性的存在並不感到不愉快，反而認為那是自然之理，或無可避免的現實。

舉例言之，《戰爭論》即曾對於戰略與戰術之間關係的複雜性，作了下述分析：「此種較狹義的戰爭藝術現在又必須分成戰術和戰略兩部分。前者所關心的是個別戰鬥的形式，後者則為其使用。……很明顯只有第一等的腐儒才會期待理論性的區分會在戰場上顯示直接結果。……戰術和戰略是兩種活動，儘管彼此在時間和空間上互相穿透，但就本質而言又還是兩件事。若非對於二者有一種總體性的認識，則也就不能了解他們的內在法則和相互關係。」

克勞塞維茨認為任何理論的主要目的就是澄清觀念和理想，以免其變得混雜不清。但他又確信理論是一種手段而非目的，所以不可為理論而理論，尤其不可因為墨守理論而犧牲現實。

戰爭並不等於下棋。雙方並不需要遵守同一規律，而且也可以隨時改變其規律。簡言之，在戰爭中根本無所謂規律的存在。戰爭是由非常複雜的互動所組成。隨時都在變，恰如克勞塞維茨所形容，是一隻真正的變色蜥蜴。戰爭中的互動和不可預測本是一種固定現象，卻等到克勞塞維茨才作首次發現。

五、戰爭中的摩擦

戰爭之所以不可預測，其原因又非僅由於戰爭中所含有的互動關係。克勞塞維茨透過其精密分析遂又找到第二個關鍵因素，那就是無所不在的「摩擦」。他認為真實戰爭和紙上戰爭的唯一區別即在於此。摩擦本是物理學名詞，在此為一種借用，其通常的解釋就是所謂「莫非定律」（Murphy's Law）：凡是可以出差錯的事情，終究還是一定會出差錯，而且往往是在最壞的時候。這也就暗示不出差錯是不正常，而出差錯反而是正常。換言之，摩擦是戰爭中的一種正常現象。

克勞塞維茨說：「在戰爭中一切事情都很簡單，但最簡單的事情也就是困難的事情。這些困難累積起來終於產生一種摩擦，除非一個已有戰爭經驗的人，否則那是難以想像。……無數的小型意外（其種類是你永不可能預知的）聯合起來使一般表現成績降低，所以人經常達不到其意圖中的目標。……軍事機器（軍隊及其有關的一切事物）根本上是非常簡單，所以似乎易於管理。但我們必須記著其組件都不是整片的，每個部分都是由個人所組成，而每個人都有其潛在的摩擦，……即令最不重要的人也都可能有機會鑄成大錯。……此種巨大摩擦，並不能像力學中那樣將其歸在幾個點上，而是隨時隨地都與機會接觸，並帶來不可量度的效果，那正是因為他們大部分都是由於機會而產生。」

摩擦的觀念不僅說明在戰爭中有若干經常出現的現象，而且也對其原因提供正確的解釋。克勞塞維茨發現有兩種不同的摩擦交相為用。第一種是自然的抗力（resistance），他舉例說：「在戰爭中的行動就好像是在一種有抗力的介質中運動一樣。正好像最簡單和最自然的運動（步行）在水中也不易表演一樣。所以在戰爭中，若有僅用平常的力量，則連中等的標準都很難於維持了。」即令在平時，軍隊要想經常保持高度的戰備也都是非常困難，而在戰時其困難程度自然更會大增。軍事摩擦雖為一種必然現象，但又還是可用人力來加以克服或補救，例如訓練、紀律、監督、視察以及克勞塞維茨所謂「指揮官鐵的意志」。不過，在戰時為了消除摩擦而花費不少精力和時間，結果對於戰爭的努力也就自然構成間接的消耗。總而言之，有戰爭就有摩擦，甚至於可以說任何行動都會帶來摩擦，這是一種無可奈何的自然現象。

其次，摩擦還有第二種意義，那就是現代資訊理論（information theory）中所謂的「噪音」（noise）。即令是比較原始化的戰爭也還是少不了所謂「指管通情」（C3I）。戰爭規模愈巨大則此種系統也就愈複雜，於是其所發生的噪音（摩擦）也就愈能對正常的行動（運作）產生嚴重的干擾。克勞塞維茨說：「戰爭中許多情報是矛盾的，甚至於還有許多是虛偽的，而極大多數都是不確實的。」所以，他認為「指揮官必須信任其自己的判斷，而像岩石一樣挺立在驚濤駭浪之中，這絕非易事。」

由於第一種摩擦（抗力）的存在，所以在戰爭所付出的努力（成功）往往不能獲得成比例的報酬，而且更有報酬遞減的趨勢。第二種摩擦（噪音）也就會形成他所說的「戰爭之霧」（the fog of war），簡言之，在戰爭中一切似乎都是霧中看花，真相幾乎永遠不會大白。克勞塞維茨指出，即令是最不重要的小人物，極小的意外事件，都可以造成意想不到的巨大衝擊。尤其最令人感到無奈的是誰都無法事先知道差錯會出在那裡，於是也就只能視之為無可避免的機會。

六、機會與不確實性

克勞塞維茨說：「沒有任何其他的人類活動是如此連續地或普遍地和機會（chance）連在一起。於是透過機會因素，猜想（guesswork）和運氣（luck）遂在戰爭中扮演重要的角色。」機會又與戰爭中的不確實性（uncertainty）結合在一起，遂使許多作為行動基礎的因素變得模糊或受到扭曲。

戰爭是一種不確實的境界，構成不確實性的因素至少有四點：（一）危險；（二）體力；（三）情報（資訊）；（四）機會。在戰爭中死亡是一種經常存在的威脅，同時每個人也都處於疲勞和緊張的狀況之下，所有的資訊都可能有疑問，而機會更不知其何時出現。所以，一切的思考和行動都會受到莫名其妙的衝擊，其結果都會和平時或正常的情況下產生很大的差異。

十九世紀的法國數學家潘卡里（Henri Poincare）曾指出所謂機會者可分三種。在《戰爭論》中對於這三種機會都有相當精闢的討論。第一種機會是我們所最常見的形成，也是一種統計學中的現象，對於此種形式的機會可以用統計方法來計算。舉例來說，一顆骰子有六面，其出現某一面的機會為六分之一，這也就是所謂機率（probability）。克勞塞維茨一向對數理很有研究，他時常提到機率在指揮官的計算中所扮演的角色。不過，他又指出「在整個的人類活動中，戰爭是最接近一種紙牌賭博（a game of cards）。」此種比喻暗示不僅需要計算機率的能力，而且還要有人類心理學的知識，然後始能猜透對方的心事。換言之，僅憑數學似乎還是不能應付機會所帶來的複雜性（complexity）。他說：「在戰爭中環境的變化是非常巨大，而且也是如此難以確定，所以有一大堆因素必須研判，大多數只能憑機率。負責研判全局的人必須把能在任何一點上認知真相的直覺素質（the guality of intuition）帶進其任務之中。否則就會發生意見和思考上的混亂，並使判斷受到嚴重的連累。」拿破崙在這一方面說得很正確：「總司令所面臨的許多決定很像牛頓或歐勒（Euler）那樣天才的數學問題。」

因為軍事指揮官並非天才數學家，所以當他們作決定時就必須依賴以直覺、常識、經驗為根基的判斷。僅憑統計法則是絕對不夠，因為精神因素經常進入真實戰爭。

潘卡里認為第二種形式的機會是一種微小原因的擴大（amplification of a microcause）。《戰爭論》對此有深刻認識，但一般人往往不曾注意。當克勞塞維茨分析機會與摩擦的關係時，他指出不為人所注意的小原因可以受到不成比例的放大。決定性結果往往由於特殊因素，而其詳情只有當時在場的人才知道。要企圖解釋因果關係時經常會感到精確資料缺乏：「在戰爭中事實的真相是很少完全為人所知，幕後的動機則甚至於更少。他們可能為指揮官們所故意隱瞞，又或假使他們只是暫時的或偶然的，則歷史也就可能根本不曾紀錄。」

對於戰爭中已知的結果，我們很難找到其最初的起因。在軍隊之內和雙方之間，許多複雜的互動能夠把微小之因，放大並產生意想不到的巨大之果（macroeffects）。互動會產生何種效果是事先無法預知，所以這個第二種形式的機會在戰爭中所帶來的不可預測性也就無可避免。

潘卡里的機會觀念還有更深入的一層，他說第三種機會是我們不能把宇宙視為一個連續整體因而引起的結果。「我們的弱點禁止我們考慮整個宇宙，而把它切成碎片，於是碎片之間就時常會相互發生作用，然後我們又把這種相互作用的效果認為是由於機會。」簡言之，這也就是分析法所必然會帶來的副產品。克勞塞維茨對此有同樣的認識，他曾一再指出其同時代的理論家，例如約米尼和比羅（Bulow）等人，所犯的錯誤。因為他們都是堅持要把戰爭中所呈現的各個問題孤立起來加以分析。

《戰爭論》有云：「所以遂有人想用原則、規律，甚或體系以來裝備戰爭指導。此種努力的確表示一種積極目的，但對其所涉及的無窮複雜性未能給與適當注意。如我們所已見者，戰爭指導幾乎是朝著所有一切方向伸出分支，而且毫無固定極限，但任何體系，任何模式又都有其極限。此種類型的理論與實際行動之間存在著一種無可協調的衝突。」

> 僅在分析方面，這些建立理論的企圖可算是真理領域中的進步；綜合方面，在其所提供的規律和法則中，他們是絕對無用。他們以固定價值為目標；但在戰爭中一切事情都是不確實的，而一切計算都必須以變量為之。他們的研究是完全指向物質方面，而所有一切軍事行動都是與心理力量及其效果交織在一起。他們只考慮片面行動，而戰爭卻是相對雙方的連續互動所構成。

克勞塞維茨並非不想對戰爭指導找到一套原則，只過他深知這固然是一個可欲的目標，但同時也是一個無法達到的目標。所以其總結論還是戰爭具有不確實性，戰爭是不可預測。「在戰爭中作為行動基礎的因素有四分之三都是藏在一種多少具有不確實性的霧幕。」戰爭最像賭博，猜想和運氣都在其中扮演重要角色。

七、結論

克勞塞維茨對於戰爭的研究可以說是既淵博而又深入，真是令人敬佩，不過，似乎還是有一點小漏洞，值得加以指出。他雖然注意到戰爭中同時有摩擦和機會的存在，但卻未明白說明二者之間的互動關係。

在戰爭中只要有行動就會有摩擦，那是任何一方面都無法避免。但假使沒有敵人的存在，則摩擦只會減低行動的效率，而並不會產生嚴重的影響。但由於戰爭有敵對雙方，於是遂導致另一種互動關係，那卻是克勞塞維茨所未說明的。簡言之，甲方的摩擦會對乙方構成一種可供利用的機會，反之亦然。更進一步說，當甲方發生摩擦本已對乙方提供可利用的機會，但由於乙方也有摩擦，於是遂又可能使其坐失良機而無法利用。因此，在摩擦與機會之間形成一種非常複雜的互動關係。很奇怪，克勞塞維茨只概括提到小因可以致大果，但並未對摩擦和機會之間的互動作任何明確的討論。說到這裡遂又令人不禁聯想到我國的孫子。他說：「先為不可勝，以待敵之可勝。」所謂「不可勝」就是盡量設法減低自己的摩擦，不讓敵方獲得可利用的機會。所謂「待敵之可勝」就是等待敵方的摩擦對我方呈現出有利的機會。孫子的話非常簡明扼要，並已把機會與摩擦之間的互動關係表達無遺。所以怪不得李得哈特（B. H. Liddell Hart）會對孫子那樣推崇備至，並認為孩子比克勞塞維茨眼光較清晰，見識較深遠，而且更有永恆的新意。

附錄二

克勞塞維茨的戰略思想

這篇文章是取自《近代軍事思想》一書的第五章，對於克勞塞維茨的戰略思想，頗有精闢的分析可供參考之用——譯者附識。

1

克勞塞維茨的軍事著作，尤其是他所著《戰爭論》一書，在軍事思想史中是占有特殊的地位。這本書常被人尊之為「經典」名著，可是似乎為人斷章取義而加以引用的機會較多，而實際加以研究者卻較少。雖然其書中有一大部分——尤其是討論戰術的部分——由於時代的推移，其價值是已經減低了，可是在戰爭的研究中，能夠真正把握到其主題的根本，該書卻要算是第一本；而它也是第一本書真正能夠演化出來一套思想的典型，使其對於軍事歷史和實踐的每一個階段都能適應。因為克勞塞維茨在一八三一年，可惜短命死矣，所以他對於其著作並未能作最後的校正。因此，這本書是一個未完成的傑作，其中還存在著一些矛盾之點留待解決。所以我們對於他的成就，也很難有所定論。在解釋其思想時有相當多的困難，一部分的原因是他所使用的哲學名詞，似乎具有玄妙的意味。對於一個軍事作家的批評是可以極為嚴酷的！瑞士人約米尼，為克勞塞維茨的同時代作者，認為他的筆調是「過分而自負」。雖然十九世紀後期的法國軍事理論是大量的吸收克勞塞維茨的觀念，可是在三十年前的一位法國作家，卻對於他深致不滿之辭。卡蒙

（Camon）在他所著《克勞塞維茨》（一九一一）一書中，曾經這樣的說：「他是所有德國人中最純粹的一個德國人，他時常有一種模糊不清的玄妙感。」

不過更普通的，大家對於克勞塞維茨的民族特性和弱點，通常卻是從另外一個方向上來看的。似乎是十九世紀中「普魯士主義」和「戰爭狂」的先驅者。對於薩多瓦會戰和色當會戰而言，他的大著《戰爭論》都幾乎被當作是教科書看待。希里芬伯爵（Count Schlieffen）總可以算是一代名將，他對於克勞塞維茨的頌揚也是說：「他使普魯士軍官團永遠保持著一種『真正戰爭』的觀念。」所以凡是批評克勞塞維茨的人，無怪其然的會把這種頌揚倒轉過來看，認為使十九世紀末葉和二十世紀初期的歐洲軍事思想日趨於狹隘，和在普魯士勝利之後，「單行」（one-way）戰略的發展，克勞塞維茨是多少應該負責的。照英國軍事評論家李德哈特上尉的說法，最近半個世紀以來的歐洲將軍們，都是為克勞塞維茨所釀造的血紅酒所灌醉了。最近，還有一位美國的作家，認為從克勞塞維茨以至於福煦和魯登道夫，軍事思想家更是頑固的把戰爭的觀念，與最高度的暴力混為一談。那麼克勞塞維茨當真是一個「數量主義的教主」麼？他只是對於數量至上觀念供給理論的基礎麼？雖然他堅持著認為敵人的野戰兵力即為主要目標，而會戰即為戰爭中的主要手段，但他是否即忽視了十八世紀理論家在智慧方面的成就呢？這些理論家所重視的為技巧和精細，而不是單純的力量；為「單刀直入」而不是「重槌敲擊」；為間接行動而不是直接行動。是否因為克勞塞維茨思想的流行，遂使人忽視了美國內戰的經驗，而這種死硬的態度最後終於形成了第一次世界大戰中的死結呢？在凡爾登、索穆河，和法蘭德斯平原等會戰殺得血流成河，筋疲力竭之後，這種死結就更顯明了，於是有一位美國的作家想要修正克勞塞維茨的理論，主張回到十八世紀的舊路，恢復小型而具有高度訓練的軍訓。另外還有走得更遠的人。李德哈特為了故意要與克勞塞維茨唱反調，就宣稱著說：「戰略的目的就是要使戰鬥盡可能減到最低限度。」為了支持他的這種觀念，李德哈特又發表了一套理論，他把它稱之為「英國式的戰爭」。

在全球性戰爭的環境中來檢討克勞塞維茨的思想，對於這種矛盾的批評必須先記在心裡。它不僅反映出來一種代表兩次世界大戰之間的時代特性的軍事思想，而且也顯示出一個戰略上的基本問題，並且使「歐陸性」的傳統和「英美島國性」的傳統可以作一個實際的對比。前一方面的國家擁有一個民族性的大軍，以來當作其正當的工具；後一方面的國家則不是如此的。不過這樣的區別卻使一種不僅是適用於某一個民族集團，某一個時代，或某一個地區的理論，益增其重要性。本文所重視者為克勞塞維茨的真正意圖和他的成就，而不是專門分析他的「死書」，在他的書中是不免含有偏見和錯誤的。

2

克勞塞維茨對於軍事和戰爭指導的著作是在他死後才出版的，一共分為十卷。在他的著作中最為人稱道而使他負有盛名的，即為《戰爭論》這一部分。這一個研究共分為八篇。第一篇研究「戰爭的本質」，第二篇研究「戰爭的理論」，第三篇討論「戰略」，第四篇則為「戰鬥」。第五篇和第六篇分別討論「軍事力量」和「防禦」。最後第七和第八兩篇只是一個初稿，分別論及「攻擊」和「戰爭計畫」。

那麼當克勞塞維茨開始致力於《戰爭論》的研究時，究竟其自己所定的目標是什麼？雖然他並未明言，但很顯明的，他絕不只是為了下一代和普魯士的軍事學校寫作教科書而已。他具有一種追求「絕對」的精神，這也就是要想明瞭事物的本性或是其「支配觀念」（regulative idea），這種精神也支配著當時的德國哲學界。這是很特殊的，克勞塞維茨雖然專門研究軍事學的，但他對於求知識的方法，和理論原則的有效性，以及其對於戰爭以外的其他實際學術的應用，都也有較廣泛的研究。當他在一八一六年或一八一七年，開始對於他的主要著作作初步的構思時，他曾經宣稱其科學性的基礎即為想探討軍事現象本質，證明它們與事物的本性是相符合的。研究與觀察，哲學與試驗都是並不互相衝突和離異的，反之它們卻應互相印證。在他逝世不久以前，他又曾指明出來至少其書中的「基本原則」是正確的。「它們是對於現實生活所作各種不同思考的後果。」在其一八一六年至一七年間所作的〈導言〉中，他又曾這樣的說：「好像許多植物一樣，僅當長得不太高時才會結果實。所以在實際學術中，理論的花和葉不應距離經驗過遠，而應該盡量接近它，因為後者即為其適當的土壤。」

在克勞塞維茨對於戰爭的分析中，其最顯著的特點即為這種哲學與經驗的密切協調。他的位置是夾在兩個時代之間，一方面他是仍然屬於十八世紀的德國「詩人與思想家」的世界之中，另一方面他又自稱為實行家，接受著歷史和經驗的訓練。他一生的事業環境是有利於其此種智識地位的形成。克勞塞維茨出生於一七八〇年，在早年曾經參加過一七九三至一七九四年的萊茵河戰役。在以後的和平時代中，因為正作努力，遂於一八〇一年獲准進入柏林戰爭學院求學。在軍校中他獲得了香霍斯特的特別垂青，後者以後變成了普魯士新陸軍的建立者。在這些年月中，他開始研究康德派的哲學，並且毫無疑問的從這裡獲得一個重要的啟示。

在一八〇六年戰役中，克勞塞維茨已經是一個上尉，並任某一位普魯士親王的副官。在奧斯塔德會戰之後，他做了法軍的俘虜，在法國和瑞士度過了一年以上的光陰。當他回國之後，就做了香霍斯特的助手，開始積極參加普魯士復國整軍的工作。當一八一一年，普魯士被迫對於拿破崙採取軍事「合作」的姿態時，他就以「自由普魯士人」——借用今日之名詞——的身分，參加俄羅斯的陸軍。在一八一三年解放戰爭開始時，他是俄軍中的一個上校，首先擔負派駐蒲留歇（Blucher）司令部中的聯絡官，以後又在俄軍德籍兵團中充當參謀長的職務。在第一次巴黎和約簽訂之後，他才又重回普魯士陸軍中服務。他升任了一個軍的參謀長，在一八一五年曾參加過李格尼、華弗爾兩次會戰。從戰術的意義上來說，這兩次會戰都是失敗的，但是在戰略方面，它們卻為最後勝利作了鋪路的工作。在那個最後勝利之中，尤其是在滑鐵盧會戰之中，克勞塞維茨並未直接參加。這對於其全部軍事經歷而言，似乎也都是如此的。在十年之內，他每每與各個重要戰鬥都發生了極密切的關係，但在緊急關頭上卻常不參加。在一個激烈的鬥爭中，他總是保持著一顆寧靜的心靈，和一種深思熟慮的態度。當最後和平恢復了之後，他的任務就更變成了一種批評性和綜合性的觀察家。從一八一八年到一八三〇年，他都一直充任柏林戰爭學院的校長。可是他的職務是純粹行政性的，對於普魯士軍官團的訓練，絲毫不發生影響作用。只有少數的朋友知道克勞塞維茨正在從事於這科學化的著作。不是在他的辦公室中，而是在他太太的起居室中，他開始把他的廣泛研究，和他那個時代中的軍事經驗綜合在一起，以來作成一個具有結論性的觀念。

3

用克勞塞維茨自己所說的話來形容，在法國革命和拿破崙的時代中，「戰爭的本身好像是在上課講授一樣」。戰爭再度以「暴力行動」的可怕姿態出現，改變了歐洲的疆界，推翻了歐洲的社會秩序。在這個時代中的戰爭不再是為了有限性質的王朝利益而打的，它們影響到有關國家的生死存亡，正好像十六世紀的宗教戰爭一樣，它們牽涉到相反的主義，相反的生活哲學。這些新的緊張關係又與歐洲政治社會組織中的基本變化交織在一起，於是又進一步影響到戰爭中的精神因素和物質手段。「古老時代」中的軍隊是由職業軍人所組成，他們是長期服役的，人數有限而具有高度的訓練。每一個士兵都是國家投資的一部分，所以在使用時必須謹慎小心。此外，在這些職業軍人當中，有一大部分都是外國人，或是社會中的渣滓。對於這樣的軍隊，一切個別的武德、民族觀念，和公民的美德對它都不發生效力。必須有最嚴格的紀律才能維持它的團結，它在行軍和戰鬥時，都必須遵守嚴格的隊形，並受到其軍官的最嚴格監督。它不能分散作戰或是徵發糧食，否則就有逃亡之虞，這種逃亡的威脅還更大。

所以軍隊大部分都是要依賴補給基地的。迅速的行軍，深入的突擊，和具有決定性的追擊都變得是不可能的，或至少是十分的危險。這樣的限制具有雙重的作用：一方面，一位將領很難於允許他的部隊與其補給基地之間，相隔到兩天以上的行軍距離；另一方面他又發現其對方的交通線實為一個非常合理想的目標。所以十八世紀中的戰爭景象，都是以迂迴運動為目的，雙方都在不斷的行軍之中。要塞是一個安全的補給基地，所以具有重要的價值。圍攻和解圍的行動要比一般的會戰更為頻繁。常常兩軍在要塞化陣地之中互相對峙著，在長時間之內都喪失了機動性。用克勞塞維茨的話來形容：「軍隊連同它的要塞和其他既設陣地在一起，構成了一個國家中的國家，在它以內，戰爭的要素就慢慢地自行消耗。」

當然的，對於這種一般的景象而言，也自有其例外。有天才的將領或是重要政治利益的衝突可以增高戰爭的激烈程度。不過即令是一個天才也還是很難於越出其當時的社會和技術條件之外。當時已經有人對於戰爭中的不可計量因素，開始作新的估計，認為軍隊的精神要比其機械化的操練都更重要。為了增加機動性，也已經有人提倡新的組織形式、新的戰術和戰略。但是時代的環境卻使進步受到了限制和阻礙。

法國革命開闢了一條新道路。因為革命化的軍隊無法學會這種複雜的調動，所以他們反而可以擺脫一切傳統的束縛。他們可以忍受飢餓，照其認為有利的方式作戰；在攻擊時可以不惜人命的成本，因為他們可以動員全國的人力。這種社會條件的改變使高度機動化的戰略變得有可能。師的制度發展成形，補給大部分是由徵發來供給。在這種戰鬥本身中，可以依賴個別的戰士，他們可以個別的作精密的瞄準，以來代替過去的排槍。為了準備集中性的攻擊，又採用了「衝鋒隊」的戰術。

拿破崙掌握著這種機會，再加上他個人在領導方面的天才。他第一個表演出來用這種新型的「民兵」，可以做些什麼。對於其同時代的人而言，一七九六年到一七九七年之間的義大利戰役似乎是一種基本暴力的爆發，所打擊的地方正是他們所預料不到的，也是不合於「慣例」的。事實上，拿破崙是違反了一切傳統的規律，他把他的軍隊擺在內線位置之上，夾在薩丁尼亞軍與奧地利軍之間，也不太顧及其自己的交通線；他也不掩護或征服地區，其唯一的目的就是「會戰」和擊毀對方的軍隊。照克勞塞維茨的看法，拿破崙在進入任何戰爭時，都是希望在第一次會戰中即擊毀他的敵人。這是一種野蠻直接性的態度，非常不合於紳士風度。但是這個外表似乎是原始化的勇敢態度，卻又加上了技術方面的特殊慎重，和精密的邏輯和計算。拿破崙有時集中其寬鬆部署的各師，在一個迅速的運動中，像閃電一樣的打擊在敵軍正面的弱點上；或者率領其大部分兵力，迂迴敵人的側翼，以來切斷對方的退路。在這兩種行動之中，奇襲都是一個最重要的因素。當他在戰場上獲得了勝利之後，只要可能的話，他總是作不斷的追擊，以來擴張戰果。

最後，因為法國陸軍的數量日益增加，而運用部隊的能力卻並未能隨之而進步，所以拿破崙閃擊戰的優勢才終於被阻止住了。此外，拿破崙的對手也都學會了教訓。他們也採取了許多的新方法和目標，尤其是決定性的戰略。更重要的是事實上，其他歐洲國家在社會和精神條件方面，也都趕上了法國，這些條件正是拿破崙戰爭的基礎。不管是採取比較原始化還是比較近代化的形式，抵抗法國征服的行動多少已經變成了人民自己的事情；西班牙和俄羅斯是屬於前一種形式，奧地利和普魯士則是屬於後一種的形式。在一八〇六年慘敗之後，普魯士的改革家格耐森瑙曾經有下述的意見：「使法蘭西今天能獲得如此強大地位的主要原因，是革命喚醒了其一切的權力，並且使每一個人都有其適當的活動範圍。一個民族在熟睡中所未能發揮的力量是如何的偉大！」這種從睡夢中醒覺的力量使全歐的軍隊都民族化，其結果的偉大是古無前例的。在一八一三年和一八一四年的戰役中，差不多有五十萬的俄國人和普魯士人被武裝了起來，在八個月之內，這個戰場由日耳曼東部移到了法國的心臟地區中。雖然戰略觀仍在搖擺不定之中，但是從這次戰爭的本質上看來，即知必須完全打倒了法國陸軍之後，才能夠獲得一個解決。

非常自然的，克勞塞維茨對於這些「戰爭本身的講授」，是曾經獲得了深刻而永久性的印象。他預言著說：一旦戰爭本身顯示了其「絕對性」之後，則這種「發展到最高限度」的觀念就不會再消滅了。他又指明出來：「每個人都會同意於我們的想法，那種限制在某種限度之內，是只可以盡可能的存在於不自覺的狀態之中，假使一旦被推翻了，則不容易再建立起來。於是至少當巨大的利益發生了爭執的時候，則互相的敵意必然會自動的發洩出來，其態度將與我們這個時代中的完全一樣。」克勞塞維茨認為這種「發展到最高限度」的觀念與下述的事實是有關聯的，這一點也是絕對正確的。自從拿破崙的時代起，戰爭已經變成了一個「全民族的事務」，而這種新型社會力量的結合，其結果又更使戰爭接近其「絕對完美」的標準。他特別關心的就是希望其自己的國家不要忘記了這個教訓。他在其著作之中，一再的從拿破崙的時代中尋找例證。甚至於在今天，要想解釋十九世紀初期的戰爭演變，引證克勞塞維茨的話都還要算是最恰當的。他對於拿破崙的崇拜可以說是達到了極點，甚至於他會稱拿破崙為「戰爭之神」，要說克勞塞維茨是想把拿破崙戰爭經典化，那似乎還不足以表現其程度。

4

對於克勞塞維茨要作正確的解釋，自不能僅於這種短距離的看法。誠如上文所說的，他把握住了戰爭的根本觀念，並且也沒有以最近事實為基礎，來作武斷解釋的趨勢。若是把克勞塞維茨與某些十八世紀的軍事理論家作一個比較，則這個事實更屬明顯。十八世紀戰爭的一般景象是與樂觀主義和理性主義的時代思想特別貼合的。在這個時代中，是不知道那種世仇死恨的不合理氣氛。國與國之間的緊張狀態通常還是不足以驅使戰爭越過其傳統性的限制。所謂「權力平衡」的觀念即暗示一種保守性的趨勢。好像外交是有禮節的一樣，戰爭也有近似禮節的規則，兩者都與當時纖細浮華的「洛可可」（Rococo）藝術有關。社會本身也似乎趨向於虛浮的形式，生活方面都開始偃武修文，變成一派田園風光。甚至於戰爭也受到了讚美，因為它也有類似的田園氣質，在戰鬥正面或軍事營地的附近，在短距離之外農民還是照常耕種，民間的生活一點都不受到擾亂。野蠻的軍力似乎已經為比較高尚文雅的纖細「佩劍」所代替了。

在這個古老的時代中，戰爭也與其時代中的科學精神相符合。當然的，在啟明的時代中，根據人道和經濟上的考慮，在原則上對於戰爭是具有一種真正的阻力。但是同時，有許多軍事思想家，認為由於軍事組織和其他技術困難，所造成的限制也足以使當時的戰爭趨向於「貴族化」。而最重要的卻是戰爭已經變得科學化了，這可以說是一種難以想像得到的進步！所以，對於可能完全不需要戰鬥的複雜運動體系，幾何關係和作戰角，以及某些固定的地理據點，都不免加以過分的重視。例如，當時的軍事學家認為占領了分水嶺，即可以幾乎機械性的獲得勝利。數學和地形學支配著軍事領袖。英國軍事理論學家勞易德（W. Lloyd）說：「凡是懂得這些事情的將軍們，可以用幾何學那樣的精密程度，以來指導一個戰爭，而且也可以永遠不需要會戰，而繼續進行戰爭。」另外一位作家李格尼親王（Prince de Ligne）宣稱著說：戰爭既然是科學化的，所以建立一個國際性的軍事學校實在是一種自然的趨勢。

克勞塞維茨對於十八世紀思想中的樂觀主義和武斷主義都是同樣的加以反對。他認為戰爭既不是一種科學化的遊戲，也不是一種國際性的競賽，而是一種「暴力的行為」（act of violence）。在戰爭的本質中是沒有任何溫情和慈悲之可言。在他的《戰爭論》中有這樣一段常常為人樂於引述的話：「我們不喜歡聽到將軍可以不流血而獲得勝利的話。假使血戰是一種可怕的景象，那麼我們就更有理由應重視戰爭，而不應讓我們的利劍受了人道主義的影響，而逐漸變鈍，結果有一天會有旁人持著利劍走上來，把我們的肢體砍去了。」當然的，這一席話又是以痛苦經驗為基礎的，但是大家卻不要忽視了其特殊的含意。它的主要含意就是說科學既不能使戰爭「溫和化」，復不能使其「高貴化」。就某一方面來說，這個意見也可以說是太正確了。照克勞塞維茨的看法，戰爭的科學部分，也就是那個可以計量和合理化的部分，僅只有次等的重要性。他對於補給勤務，和戰爭的地理性質，並不曾低估其價值。他也承認數學和地形上的因素，在戰術上是具有重要性的，但他卻指明出來在戰略方面，那就比較不那樣重要了。他說：「所以我們應毫不猶豫的認為這是一條不移的真理，在戰略中最主要的還是勝利性戰鬥的次數和規模，而不是那些聯絡於它們之間的偉大作戰線的形式。」克勞塞維茨喜歡譏諷那些「冠冕堂皇」的名詞，例如「支配地形」、「有掩蔽陣地」、「國家的鎖鑰」。照他的看法，「這些名詞只是把似乎很普通的軍事結合，加上一層渲染而已。把這些外表誤認為是事物的本身，把工具誤認為手。占領某一種位置，僅是一個加減號而已，並無實質。這個實質即為一個勝利的會戰。」

克勞塞維茨在其一八〇五年的早期著作中，即曾觸及這個觀念。當他在批評那些前輩先生們的想使戰爭科學化的企圖時，他自己卻堅決的主張非物質性和精神性的因素是更為重要。從幾何學的關係上，他轉念到在那些動盪不安的環境中，人與人的行動才是戰爭中的主要因素。從某一方面來說，這是一種哥白尼式的革命（**註：哥白尼為偉大天文學家，主張地球繞日的觀念，在天文學上為一極大的革命**），同時這種轉變也是受了康德批評主義的影響。因為必須打倒武斷主義的思想體系，然後真理才可能被發現。以後，他在《戰爭論》中又指明出來理論的意義並不是一個支持人類行動的「鷹架」（scaffold），也不是行動的積極指導。其意義為：「對於足以引到正確知識的問題所作的分析研究，若是用來研究經驗的結果，則在我們的情況中即為軍事史。理論與經驗若愈能接近，則它就會逐漸由客觀的知識形式，變為行笂中的主觀技巧。」他又說：「理論可以教育戰爭中未來領袖的心靈，或是指導他如何的自修，但是卻並不陪同他一起走上戰場。正好像一位良師一樣，雖然對於一個青年人的心靈加以啟迪教誨，可是對於其一生的事業卻並不加以束縛。」所以真正的理論對於具有創造性的實踐，是絕不可以牴觸和妨礙的，而對於理性因素的武斷崇拜，遲早卻必然會產生如此的後果。在其一八〇五年的著作中對此種觀念，即早已有了明白的解釋，在他的《戰爭論》中，又曾經再度的指出這一點，他說：「天才的所作所為就應該是一切規律中的最好規律，而理論所能做到的，最多不過是解釋它為何和如何是這樣的理由而已。」

這個觀點即足以說明克勞塞維茨與拿破崙戰爭的真正關係。當時的情況已經拓寬了分析的範圍，並且使構成戰爭觀念的基本因素可以表現得更為明顯。克勞塞維茨自己曾經這樣的說：「假使在我們這個時代中，並不曾看到現實戰爭的出現，則我們可能會懷疑戰爭絕對性的觀念是否可以從現實中尋獲。若是沒有實例，則理論雖說得舌敝唇焦，也沒有意義，因為不會有人認為它是可能的。」由於他對於戰爭中的「天才」有如此的認識，再加上他的哲學家態度，所以使他對於最近的經驗，以及拿破崙所使用的任何特殊戰略性或戰術性的工具，都能避免作武斷的解釋。

5

若與較前期的理論家，以及與他同時代的約米尼，作一個比較，則克勞塞維茨的著作具有下述的特點：「就是能用非武化的彈性心靈，和精密的辨別力，以來分析戰爭的構造因素。經驗和哲學化的思考引導他走向所謂『絕對戰爭』（absolute war）或『完美戰爭』（perfect war）的觀念。這個觀念的意義多少是有一點含糊不清，而需要加以相當的澄清。它與所謂『總體戰爭』（total war）的意義並不相同，雖然在一般性的使用時，這些名詞常常會發生混亂。照克勞塞維茨的看法，所謂絕對戰爭的觀念是根據戰爭本質而來的。依照這個定義：『戰爭是一種暴力的行動，其意圖為迫使對方遵從我們的意志』。」在另一方面，克勞塞維茨對於戰爭又賦與了一個其他的定義，他說戰爭是屬於社會生活的領域之中。「它是一個重大利益的衝突，必須要用流血來解決，而僅僅在這一點上，它才與其他的衝突不同。」所以物質力量是戰爭中的特定手段，若想把「溫和主義」介紹到戰爭哲學之內，那才是一個荒謬的錯誤。除非我們的對方是的確已經被解除了武裝，或者是處於某種位置之上，已經有被解除武裝的威脅，否則他們是不會遵從我們的意志。因此，其結論是說：「戰爭的目標經常都應該是解除敵人的武裝或是打倒敵人。」由於雙方都有這同樣的目標，於是相對的行動必然會趨向於一個極端。所以，「戰爭是一種發展到最高限度的暴力行為。」

雖然也許說得太簡單了，這卻可能稱之為克勞塞維茨的「絕對戰爭」觀念。他也特別強調其在理論上的重要性。他說理論的責任就是「要使戰爭的絕對形式據有其最首要的地位，並且用那種形式來當作一個大致的南針，所以任何想從理論中學得一點東西的人，必須要使他自己養成一種習慣，對於它從不使其脫離眼界之外，把它當作是對於其一切希望和恐懼的自然度量標準，以求在他可能或應該的機會中都盡量接近它。」此外，他又說：「一個指向偉大決定性的戰爭不僅是比較更簡單，而且也更符合於自然的規律，它比較沒有矛盾，比較客觀。」他又說：「僅僅採取這種觀點——即對於戰爭採取絕對形式的看法——戰爭才會具有齊一性。只有這樣，我們才可以把一切的戰爭都當作是一個種類的東西看待。只有採取這個觀點，判斷才可以獲得其真正和完美的基礎，基於這個觀點才能決定偉大的計畫。」這是殊少疑問的，克勞塞維茨是強調的認為絕對戰爭是一種哲學意義的「理想」（ideal），它是一個「支配因素」，對於非常多變的現象，給與以「齊一性」和「客觀性」。這樣一個觀念就好像藝術上的「真善美」一樣，永遠是一個不能達到的目標，而只能經常的接近它。他把「發展到最高限度」的觀念與軍人的武德和責任感合為一體；他認為這種形式就是「戰爭的完美化」（perfection of war）。但是也毫無疑問的，他認為絕對戰爭只具有抽象的意義，或者用他偶然所用的名詞來形容，即為「紙上的戰爭」。

所以克勞塞維茨接著在戰爭的邏輯性定義之後，就又加上了這樣一個附註說：「當我們從抽象進到現實時，所有一切的東西都變出了不同的形態了。」在其書中最具有哲學意味的那一章中（《戰爭論》第一篇，第一章），他列舉出一些「變化」（modifications），使戰爭由一個「理想」的程序，變成了「個別」的程序。指導這種程序的不是邏輯的法則，而是或然性的定律。戰爭不是一個孤立的行為，其內容也不僅是一個單獨的行動。許多的因素例如新的部隊，戰場的放大，和同盟的締結，都可能會連續的發生作用。「當某一個交戰團體因為弱點而退出時，則對於另一方面即構成一個真正的客觀理由，以來限制自己的努力。於是這樣的交相為用，其最後的趨勢即為使努力退減到了有限的程度。」

克勞塞維茨在其書中的以下幾章內（第一篇，第四到第七章），對於這些戰爭中的「變化」因素，曾經有所討論，這可以代表其對於戰爭問題的現實看法。即令在今天，凡是實際參加過戰爭的人，都會感覺到其看法的正確。這些章節中分別檢討「危險」、「肉體的勞苦」、「戰爭中的謠言」，以及其他的不確定性和機會性的因素，這也正是觀念和實行的分界。克勞塞維茨把這些因素都總稱之為「摩擦」，這以後就成為軍事詞彙中的一個慣用名詞。所謂「摩擦」者不僅是一個機械化的程序。拆穿後壁來說，所謂軍事機器者實際上是由個人所構成的，其中每一個分子都受到「脆弱的人性」的影響。所以克勞塞維茨說：「大體說來，現實戰爭與紙上戰爭的區別，即為這種摩擦的觀念。」許多小事加起來即足以使計畫達不到目標。在這一方面，克勞塞維茨又發表了一句名詞，而為現有的各軍事教範中所經常引用者：「在戰爭中一切的東西都是非常簡單的，但是最簡單的東西也就最困難。戰爭中的行動就好像是在一個有抗力的介質中運動一樣。正好像最簡單和最自然的運動（步行）在水中也不易表演一樣。所以在戰爭中，若是僅用平常的力量，則連中等的標準都很難於維持了。」

不過，最重要的變化還是由於戰爭與政治之間的關係所造成的後果。在尚未談到克勞塞維茨理論中的這個中心問題之前，對於所謂「主要會戰」（main battle）的觀念，似乎應先加以簡單的分析，這也正是戰爭中最主要的手段。在他的思想中，手段與目的之間的關係，占了一個非常重要的地位。其對於戰略和戰術所下的定義，即可以構成一個良好的例證。戰術是在戰鬥中使用軍事力量的理論；戰略是使用戰鬥以來達到戰爭目標的理論。在其於一八〇五年所寫的早期著作中，克勞塞維茨即曾提出這個定義，以來反對當時通用的見解——認為在敵方視界之內的行動即為戰術，在視界之外的即為戰略。不管他這個定義的技術性價值是怎樣，但卻可以明白的顯示出，他是如何重視手段與目的之間的關係。誠如他在《戰爭論》中所說的話：「只要有部隊存在的地方，就一定有戰鬥的觀念出現。在戰爭中的一切活動都必須戰鬥有關係，或者是直接的要有部隊存在的地方，就一定有戰鬥的觀念出現。在戰爭中的一切活動都必須與戰鬥有關係，或者是直接的或者是間接的。對於軍人要加以徵召、補給、裝備和訓練，他要睡覺、飲食，和行軍，但是一切的目的卻僅是為了能在正確的時間和地點實行戰鬥而已。」在較高階段，這種關係也還是照樣的存在。戰鬥的本身也和部隊一樣，仍是一種手段。部隊是用來戰鬥的，而戰鬥則用來達到戰爭中的目標。這個目標即為打倒敵人的意志，所以用一個決定性會戰以來解除對方的武裝，就要算是戰爭中最主要的手段了。克勞塞維茨對於這個觀念，曾經不斷的加以鼓吹。他說：「毀滅敵人的武裝力量似乎總是一個最優越和最有效的手段，其他任何手段都不如它。對於危機的流血解決，為了毀滅敵方兵力所作的努力，實為戰爭的長子。」

這裡也可以看出來克勞塞維茨並未忽視事實，他認清了在歷史上，很少有幾個戰爭曾經明白的表現出來手段與目標之間的密切關係。現實的戰爭很少能夠以一個「主要會戰」來當作它的頂點；在許多戰爭中簡直完全沒有值得稱道的會戰。為了解釋絕對戰爭與現實之間的這種矛盾起見，克勞塞維茨也提出了一個非常有趣的暗示，足以使他的絕對戰爭觀念獲得了進一步的澄清。照他的意思來說，一個「決定性會戰的觀念」可以當作是一個「遙遠的焦點」，儘管在某些戰爭中，這種焦點是不會實際存在的。除非是能夠確實知道對方不會以軍事決定性的「最高法院」提出上訴，或者是他必然的會敗訴無疑，否則一個軍隊是不可能避免戰鬥的。所以我們可以這樣的說，照克勞塞維茨的思想，所謂「主要會戰」者正和英國的「存在艦隊」的意義相似，即令它並不實際出現，但對於情勢卻依然具有支配作用。克勞塞維茨本人也曾打了另外一個比喻：「對於戰爭中的一切作戰，無論大小，用武力的決戰就好像是貿易中的現款交割一樣。」當德國社會主義者，恩格斯（Engels）讀到此處時，不禁使他大為讚賞，認為是特別有意義。儘管這種現款交割和會戰可能很少真正發生，但一切東西卻還都是以它們為目標。假使它們發生了，則足以決定一切。

在克勞塞維茨對於戰爭的政治性解釋中，這種手段與目的的關係也是一個基本關係。他認為會戰，戰爭與政治交易，構成了一個「總體」，在其中全體是可以支配部分，或者是目的支配手段。有時似乎會覺得這種秩序是倒轉過來的。會戰由於其具有決定性，似乎足以支配戰爭的目標。在他研究絕對戰爭時，克勞塞維茨也曾指明出來，打倒敵人的軍事目的，有時也好像是代替了最後目的，即政治目的。以這種理論為基礎，所以有人認為克勞塞維茨是提倡軍事的優越性和自足性的。從某種程度上來說，這種批評是正確的，因為克勞塞維茨是堅持的認為將軍應獨立於政治決定之外，而且他更應站在一個足以影響這種決定的地位。他說：「政治的目的並不是一個專制的立法者。它應該適應手段的性質，所以可能完全改變。就一般而言，戰略，或就特殊而言，指揮官，都可能要求政治趨勢和目標不應與軍事手段的特殊性質相衝突，而這種要求也絕不是人微言輕的。」

在發表這種意見時，克勞塞維茨也是有所為而作的，因為在十八世紀的時候，各國的政客變倖常常有干涉政治的趨勢。他又可能是基於這樣的想法，因為政策是跟在戰爭的後面，所以必須要注意，到何者就軍事的意義上來看是具有可能性的。但是他也的確在內心中有這樣的想法，由於軍事決定的重要性，依照它們的本性，是足以使人類受到極基本的影響，而不應受到政策的「支配」。就這一點而論，他是掘發出來了一條基本真理，它在一切的政府形式之下，都曾經被證明出來是正確的。即令是民主國家也已經和將要面臨這種情況，在這種情況之中，軍事的緊急措施是注定了要壓倒政治性的考慮的。

不過我們又應進一步認清，克勞塞維茨思想的全部趨勢卻是指向一種相反的事物秩序。「戰爭只是一個社會性總體的一部分，它與其全體的區別僅為其特殊的手段。儘管在某種情形之下，軍事需要對於政治目標可以具有強烈的影響，但是僅能認為它們是在調節這些目標。因為政治目標是目的，而戰爭卻是手段，若無目的則手段將是不可以想像的。」基於這個根本觀念，就引到了《戰爭論》一書中的一句最著名的格言，那就是說：「戰爭只不過是國家政策用不同手段的延續而已。」這樣說法已經充分的說明，在原則上，政治目標是應具有優越性的。在其他的機會中，克勞塞維茨也曾一再提到這一點。其最精審成熟的表達，可以引述如下：

戰爭不過是政治關係的一種混合其他手段的延續。我們之所以說是與其他手段混合，是為了表明此種政治關係並未被戰爭本身所切斷，也不曾變成任何其他性質不同的東西，不管所使用的手段在形式上有何種變化，但它仍然會繼續的存在。儘管雙方的外交關係是已經斷絕了，可是人民與政府之間的政治關係還是會繼續存在的。戰爭好像是對於思想的另外一種表達方式，只是在寫法和語文方面有所不同而已。戰爭誠然有它自己的文法，但卻並無自己的邏輯。

有人很惋惜的說，克勞塞維茨雖然想到了怎樣贏得戰爭，但卻並未想到怎樣贏得和平。照他的看法，政策是政府的事情，他就絕不進入這個園地。不過當他認識到戰爭只是政治交易的延續，不過是混合著其他不同的手段而已的時候，他也就無異於強調說明事實上，政治行為並未中斷，沉寂，或自動放棄。在上次大戰中，德國的流行觀念都是認為政策應該等候軍事行動所可能產生的結果。克勞塞維茨對於這種思想是絕不會表示同意的，在他的思想中是絕無「軍事孤立主義」的存在。

這個基本觀念對於戰爭本質的理論，也有重要的影響。它似乎是使絕對戰爭和現實戰爭之間獲得了調和。國家政策就是一個「子宮」，戰爭就是在它裡面孕育發展。所以政策決定了主要路線，而戰爭則沿著這個路線行動。只是那個政策不要求任何違反戰爭本性的東西，那麼這就是正確的事物秩序。事實上，若假定將軍們能憑空擬定一個作戰計畫，則屬荒謬已極。理論家要把一切戰爭中的可用工具，都攤在將軍的前面，以便使他能夠擬定一個純粹的軍事計畫，那就更是荒謬了。很顯明的，並無一個純軍事性的計畫。每一個戰爭都是事象的個別進行。假使政治的衝突極為強烈，而且也有適當的物質工具，而政治目標可能會退居幕後，或者是與解除敵人武裝的軍事目標合而為一。在這種情形之下，現實戰爭就有可能接近絕對戰爭。上文早已提及，克勞塞維茨深信在民族主義的時代中，這一類的戰爭是會不斷的發生。「戰爭的動機愈是巨大而強有力，則有關國家的整體生存就會受到影響，而戰前的政治衝突也就會愈形激烈，於是戰爭就愈會接近其抽象形式，似乎是純粹軍事性的成分益形增多，而政治性則益形減少。」理論的主要任務即為強調這種戰爭的基本趨勢，這種趨勢即為一切希望和恐懼的天然度量標準。不過理論卻是應考慮到，當政治局勢不太緊張，戰爭的政治性也就隨之提高。所以戰爭在重要性和威力上，可以有各種不同程度的分別，最高的極端為打倒敵人，最低的極端則僅為武力的示威而已。所以戰爭正好像一隻變色蜥蜴一樣，它的顏色是可以隨時改變，以來適應特殊的情況。

以這個彈性的解釋為基礎，克勞塞維茨就開始來檢討全部的戰爭史（註：他差不多曾經研究過一百三十個戰役）。沒有一個單獨的事件是可以不受到戰前政治社會條件的影響，和孤立在整個衝突氣氛之外的。當一七九二年，各君主國家的權力侵入法國時，這是以主義對抗主義，所以在法爾梅（Valmy）僅憑一場砲擊，即可以比七年戰爭中的一次血戰還具有更多的決定性。像這一類個別性的研究，有許多在今天都還是很有趣味的。

譬如說，克勞塞維茨對於「同盟性戰爭」（wars of coalition）所引起的問題，是特別感到興趣。他指明出來當一個國家參加一個對抗同盟組織的戰爭時，就必須面臨著下述的問題：即決定應首先打倒那一個敵人，是較強的還是較弱的？他又進一步指出，不管是怎樣的決定，最合理的軍事目標即為維繫敵方同盟團結的主要國家。打倒敵軍的主要目標，也可能受到其他環境的影響而發生了變化。舉例來說，對於領土的征服，其本身也是一個強有力的兵器，因為它可以毀滅敵人重建其軍事的能力。領土的喪失加上軍事的失敗，也足以打擊敵人的意志。所以用心理性的手段，也可以達到解除敵人武裝的手段，即使敵人認為勝利是已經不可能了，或是成本太高。

所以戰略家的基本問題即為找到「重心」之所在，然後再指導軍事力量向它推進。依照不同的環境，這個重心的位置也可能不同。在多數的情形中，它是位置在敵方軍事力量之內。不僅是在拿破崙戰爭中是這樣的，而且在亞歷山大、古斯塔夫（Gustavus Adolphus）、查理士十二世，和腓特烈大帝等人的戰爭中，也都莫不如是。不過假使敵國內部已經發生了裂痕，則「重心」也可能即為其首都。在同盟的戰爭中，這個「重心」為最強敵國的軍隊，或為敵方的共同利益。在民族性戰爭中，「公共意見」是一個重要的重心，也是一個主要的軍事目標。談到最後一點，克勞塞維茨似乎又重新回到了十八世紀的「不流血戰爭」的舊觀念了。不過若是說得更精確些，則他是已經觸及了心理戰爭的近代觀念，認為在實際戰鬥之前或同時都應作心理戰，甚至於它可以代替實際戰鬥。

6

對於戰爭作這樣具有高度彈性的分析，是否會使思想的顯明界線變得模糊了，於是對於研究克勞塞維茨思想的人不特不發生啟迪作用，反而更使他們感到困惑呢？要答覆這個問題，有兩點應該提出：第一點，因為克勞塞維茨避免一種通用性的理論，所以才使他的分析不具有時間性的限制，甚至於到今天仍然還是同樣的重要。它公開的訴之於「天才」（tact），訴之於政治家和將軍的敏銳判斷。只有對於各種可能的解決方案都深有研究的人，才能像一位無畏的游泳家那樣的跳入激流。第二點，這樣充滿了各種可能性的現象，並不代表著一種毫無秩序的混亂狀態。其骨幹即為事物的本性，其支配觀念即為「存在的」（inbeing）絕對戰爭。用克勞塞維茨本人的話來說：「只要當作在採取行動時，是具有合理的條件，則一位指揮官若巧妙的試用審慎的方法，實並無任何的過錯。」但是他應該認清這個事實，凡是走偏鋒的人，每每會受到戰爭的奇襲。但是誠如他所指出來的，打倒敵人並不是一個最高定律，而只是一個大致的南針。若是明乎此，則一個指揮官就應該能認清「最好的戰略就是經常保持著最強的態勢，首先是一般性的，然後才是在決定點上。」這句話也暗示出來決定性行動和次要性行動之間的區別。所有可以動用的人力都應集中在這個決定點上。

克勞塞維茨又想用其他的分類法，以來使他這種「開放性的思想體系」（open system）變得更具有啟發性。在一八二七年，他表示將沿著兩條思想路線，以來修正其《戰爭論》的內容。第一點，他希望能夠辨別「兩種戰爭」之間的區別，其一是以「打倒敵人」為目標的；另一個則只以對於敵國邊界地區中作某些征服為目標，可能是想永遠占領這塊土地，或者只是想用來在和平談判時作為是交換條件。第二點，他希望強調說明戰爭僅為政策的延續這個事實，而這種觀點也就是想把「較多的齊一性」帶入整個戰爭的觀念之中。

克勞塞維茨也的確曾經依照這些路線，把他的主要著作修改了一部分。（註：他在一八三〇年曾經發表最後的聲明說，只有第一篇第一章可以說是已經「完成」了。）在他的第八篇討論戰爭計畫時，他的確曾經很謹慎的分別出來兩種不同的戰爭：打倒敵人的戰爭和有限戰爭。他指明出來，在這兩種不同的情況中，一個戰略性的行動是可以具有完全不同的意義。在前者的情形中，只有最後的結果才算；在後者的情形中，部分性的結果是可以累積起來，而時間因素也應計算在內，一直到敵人的意志被磨毀了為止。在前者的情形中，除非敵軍被擊毀，則土地的征服並無什麼意義；在後者的情形中，實際的占有可以影響到形勢的平衡。這種區別並不如一般人所想像的，是只具有歷史性的意義。克勞塞維茨並不想把「古代」的戰爭，拿來與十九世紀的戰爭作一個對比的研究，前者是所謂「消耗戰略」（strategy of attrition），後者是所謂「殲滅戰略」

（strategy of annihilation）。他不曾使用這種名詞，同時他對於歷史條件的個別解釋，也不能配合這一類的二元思想。他是比較傾向一種有體系的方向。他認為只有在兩種情況之下，有限戰爭才會再度發生：（一）當政治衝突或政治目標都是比較小型的；（二）當受了軍事手段在性質上的限制，絕對不可能有打倒敵人的希望，或者僅僅只能用間接方式來達成這個目的。

基於這些觀念，克勞塞維茨至少已經觸及了本文開始討論時的問題。某些國家沒有一個民族性的大軍，而其所特有的手段卻是島嶼性或海洋性的權力，可是他的理論也並不曾重視這個國家的特殊傳統為例外。從純粹軍事的意義上來說，小型的遠征兵力和戰爭是並不足以打倒敵人。可是卻還有克勞塞維茨的第二個思想存在著：即認為戰爭是政策的延續，其意義就是介紹較多的「齊一性」。在他的大作中第一章內，他又再度把這兩種戰爭綜合成為一個逐漸性的發展。其具有決定性的名句，也就是上文中所早已引述過的：「一個戰爭的動機愈是強大有力，則戰爭愈接近其抽象形式。」

照本文作者的看法，這個觀念對於最近許多軍事性衝突都是可以適用的。「兩種戰爭」的區別是仍然存在。至於究竟應重視軍事性還是政治性的方法，則又牽涉到東西兩種戰略之間的爭論。在第一次大戰時，在德國也和在英國是一樣的，對於這些問題並無統一的意見。用最簡單的形式來表示，這個爭論的重點就是到底應以打倒敵人，還是消耗敵人為目的呢？但是近代戰爭的巨大規模，加上主義對立的壓力，卻又把這兩種戰爭合併成為一條路線來向「最高限度發展」。

是否應採取間接的行動，或積小勝為大勝；是否時間因素和消耗戰略是可能生效的，這都是一種「隨機應變」的問題，而不影響到基本目標。從某種意義上來說，應該稱是「消耗」的行動，但從另一種意義上來說，又可以算是「殲滅」的行動，姑且不論及封鎖與反封鎖的兵器。對於最近有關小型高度機械化軍隊或大型軍隊之間的爭論，以及空中戰爭或大陸性戰爭之間的爭論，這種觀點似乎都能夠應用。若是基於現有戰爭的決定性來立論，則這種區別是在軍事手段方面，而不是在軍事目標方面。所以十八世紀的那種把戰鬥減低到最低限度的思想，似乎是殊少有實現的可能性。

不過在克勞塞維茨的另一種分類法的討論中——即防禦與攻擊的分別——這個緊要問題也會再度出現。當然的，從政治、戰略和戰術三方面來說，這個區別都是由來已久的。但是克勞塞維茨卻把它交織在他對戰爭本質的分析之內，所以使它獲得了新的意義。他素有「拿破崙戰爭的高僧」之雅號，可是他的思想卻似乎不是這種高僧所應有的。他對於防禦方面是特別的重視，對於這個事實有許多十九世紀的軍事作家，都認為它要算是克勞塞維茨思想的一個「污點」。攻擊者不是總可以操著主動之權麼？不是總可以便宜行事麼？可是他對於這些利益以及攻擊的「精神優勢」，都是感到深刻的懷疑。當然的，奇襲的因素還是重要的，尤其在戰術方面更是如此，但他卻認為在戰略方面，其重要性則較為遜色。雖然攻擊者是可以先下手作第一擊，可是防禦者卻擁有「最後一手」的一切利益。此外，從某一點來說，最先構成戰爭的也還是防禦。在一個顯著的矛盾論證中，克勞塞維茨也指明出來：（政治性）侵略者總是「愛好和平」的，換言之除非是碰到有組織的抵抗，否則他寧願和平的侵入其鄰國。這番議論本是專指拿破崙而言的，但卻也可以很容易的加以推廣。

大概的說來，克勞塞維茨的理論似乎是要想證明：對於較強大的敵人也至少還有一個公平的抵抗機會。他可以這樣做，因為防禦是一種「較強的戰爭形式」。克勞塞維茨並不曾也不可能預料到，由於速射兵器的發展，使其理論有更新的根據，尤其是在戰術方面為然。不過他對於防禦的重視，卻不僅限於戰術方面，而更包括戰略和政策二者都在內。他認為被攻擊者，因為是在防禦其自己的國家，所以享有政治上的同情和精神上的利益。此外，他在戰場、要塞、陣地，和地形的利用上也都享有利益。時間和一切意外的事件，敵人的兵力消耗，敵人的未能達到目標，凡此等等都足以使他獲得利益。簡言之，防禦是較強的形式，因為這時它的本性——保守——總比獲取容易。若照一九四二年的經驗看來，克勞塞維茨有一句話是特別的有意義。他說：「他在沒有播種的地方收穫。」換言之，一切不發生的事情都是對於防禦者有利的。

不過，防禦的利益卻為一種「辯證法」（dialectic）的關係所抵銷。防禦雖是較強的形式，但卻只有消極的目的；攻擊雖是較弱的形式，但卻反具有積極的目的。因為它具有積極的目的，所以還是攻擊者可以獲致決定性的戰果。假使這個目的是巨大的，則他應尋求一種具有絕對戰爭意義的決定。在攻擊本身之中，防禦行動只是一種「妨礙的重量」，事實上，更是「必要的罪惡」。若必須採取守勢，則一定要包括攻擊的轉移在內。絕對的防禦是違反了戰爭的本質。借用現代的名詞來說明，那就是專靠成功的撤退並不能贏得戰爭。所以克勞塞維茨的結論是說：「一個迅速而激烈的攻勢轉移，復仇的利劍才是防禦中的最高潮。」

攻擊與防禦之間的「辯證法」關係，又引出了克勞塞維茨思想中的一個具有啟發性的觀念，即所謂「頂點」（culminating point）的觀念。假使一個戰略性的攻擊不能達到其決定性戰果，則再向前推進毫無疑問的是只會使它自己的力量衰竭。攻擊者有某些精神性和物質性的資源，是會隨著前進而俱增的，但一般說來，因為多種的原因，他的力量總還是會自動減弱。第一和第二兩次世界大戰可以提供許多非常顯明的例證：攻擊軍每前進一步，其負荷也就隨之而增加了。對於任何的觀察家而言，這些因素都至為明顯，不必再加以列舉了。當然的，當克勞塞維茨著書的時候，他所想到的主要的還是一八一二年戰役中的經驗而已。但是他的解釋卻打中了一個基本問題：「超過了頂點之後，天平的擺向就反轉過來了。抵抗的暴力通常都會變得比向前推進者較大。」這對於將道而言也就是一個真正的考驗。誠如克勞塞維茨所指明出來的，一切的事情都要看是否能憑著敏銳微妙的判斷力，以來發現頂點之所在。當行動還正在繼續前進時，攻擊者好像是被潮流推送著走，將他送過了平衡線。像一匹拉著重車上坡的馬一樣，他會感覺到前進要比站住困難還少些。當敵人實際上已經像一頭負了傷的野牛一樣，正要站起來作困獸之鬥時，他卻還在可能希望敵人的意志會自動崩潰。

對於那些嘗試憑著「最後一點最低限度的優勢」，以來達到目標的將軍們，克勞塞維茨由於同行的原因，毫無疑問是寄與同情的。他認為在懷疑的時候，是寧可大膽而不必小心。不過一個過分謹慎的將軍，誠然的會糟踏了他的良好機會，反之過分的莽撞，也可能陷入毀滅的深淵。無作用的消耗也就是毀滅性的消耗。「常常一切的一切都是懸在一根想像力的絲線上面」。就是在這個緊要關頭上，防禦者即可以抓起他的「復仇利劍」，以來證明他的將道了。假使在過度的前進之後，攻擊者被迫轉取守勢，則他將缺乏所謂「較強形式」的大多數利益。精神和心理的因素都對他不利。不過他還握有防禦的一個基本利益——他已經達到了占有的目的。到了這裡，第二種戰爭又再度出現了。雖然已經不再能希望打倒敵人，但卻還有機會足以使敵人認清在兩次大戰中，這個同樣的問題也曾以更顯著的形式再度出現。事實上，克勞塞維茨的頂點觀念和解釋，對於事情都是可以射出一線光明來。

與這一點有關還有最後一點是必須強調提出的。在討論到頂點觀念時，以及在克勞塞維茨的全部著作中，都可以看出來他對於精神和心理因素，都是估價極高的。這也可以說就是他對於軍事思想的最大貢獻。《戰爭論》中有好幾章都是特別著重這個主題的（第一篇第三章，第二篇第三章，第三章第三至八章）。克勞塞維茨對於一個主將所應有的素質，和一個普通將領所應有者，都分別有了詳細的分析。這是非常有意義的。其他認為第一流的名將標準，是主觀素質與客觀素質能夠有協調的配合。前者例如：果敢大膽，以及其他赳赳武夫的氣概。後者例如：堅定的個性和智慧等。在他為普國太子所寫的教科書中（即《戰爭原理》），特別提出：「英勇的決定應以理智為基礎」的理論。在《戰爭論》中，他也說：「在戰爭的時候，我們寧願把子弟的命運託負給頭腦冷靜的人，而不可相信衝動急躁之徒。」他又說：「所謂一顆堅強的心靈，並不專指能夠具有強烈的情感而已，它要能在極強力的情感之間，能維持其平衡。所以儘管胸中的波濤起伏，但是理解力和判斷力在運用時卻仍能具有完全的自由。好像是一艘在波濤洶湧海面上的航行的船隻，其羅盤上的指針還是不受影響一樣。」要想克服自然的摩擦、疑惑、恐懼，和一切平庸的作風，則必須要有堅強的性格。

一個軍隊所要求的武德，還不僅只是勇敢而已。軍隊所重視者不是「血氣之勇」，而是「精神」。專靠數量也還是不中用。雖然克勞塞維茨很重視數量的優勢，「首先是全面的，然後再在決定點上。」但他卻公開指斥過分重視數量優勢，是一種「完全的誤解」。關於這一點，他希望大家不要產生誤解。此外，他也堅持說不要以為打倒敵人，就只是以物質性的殺傷為重點。所謂主要會戰者是應以擊敗敵人的精神為主，而不一定要多所殺傷。這也是目前軍事界所流行的說法，除非指揮官或軍隊的「精神」被擊敗了，否則一個會戰是不會在物質上失敗的。最後的結論還是說：在戰爭的藝術中，其最具有支配性和控制性的中央部分還是意志，好像是在城市中心廣場中所樹立的一個紀念碑，所有主要街道都匯集於此。

從他的戰爭分析中，克勞塞維茨對於軍隊士氣所獲得的某些結論，似乎是不免具有「浪漫主義」的色彩。有些對於武德的歌頌，使我們在今天看來似乎很奇怪。不過他的基本觀念，卻是一點都沒有過時落伍。那就是說在戰爭的最後物質化的事實之中，非物質化和不可以計量的因素仍然是最重要的。這個原則對於今天摩托化和機械化的陸軍，也正和對於十九世紀初期的徒步和騎馬的陸軍，同樣完全適用。在目前的衝突中，克勞塞維茨是每天都可以獲得證明。物質的力量只是一個「木質的刀柄」，而精神的力量才是「閃亮的刀鋒」。

國家圖書館出版品預行編目資料

戰爭論精華／克勞塞維茨（C. von Clausewitz）著；鈕先鍾譯. -- 三版. -- 臺北市：麥田，城邦文化出版：家庭傳媒城邦分公司發行，民107.08
面；　公分. --（戰略思想叢書；2）
譯自：A Short Guide to Clausewitz on War
ISBN 978-986-344-579-1（平裝）
1. 戰爭理論　2. 軍事
592.1　　107011178

戰略思想叢書 2

戰爭論精華

A Short Guide to Clausewitz on War

作　　者／克勞塞維茨（C. von Clausewitz）
編　　者／李昂納德（Roger Ashley Leonard）
譯　　者／鈕先鍾
責任編輯／林俶萍（二版）、江灝（三版）
校　　對／吳淑芳
主　　編／林怡君

國際版權／吳玲緯　蔡傳宜
行　　銷／艾青荷　蘇莞婷　黃家瑜
業　　務／李再星　陳玫潾　陳美燕　馮逸華
編輯總監／劉麗真
總 經 理／陳逸瑛
發 行 人／涂玉雲
出　　版／麥田出版
10483臺北市民生東路二段141號5樓
電話：(886)2-2500-7696　傳真：(886)2-2500-1967
發　　行／英屬蓋曼群島商家庭傳媒股份有限公司城邦分公司
10483臺北市民生東路二段141號11樓
客服服務專線：(886) 2-2500-7718、2500-7719
24小時傳真服務：(886) 2-2500-1990、2500-1991
服務時間：週一至週五 09:30-12:00・13:30-17:00
郵撥帳號：19863813　戶名：書虫股份有限公司
讀者服務信箱E-mail：service@readingclub.com.tw
麥田網址／https://www.facebook.com/RyeField.Cite/
香港發行所／城邦（香港）出版集團有限公司
香港灣仔駱克道193號東超商業中心1樓
電話：(852)2508-6231　傳真：(852)2578-9337
E-mail：hkcite@biznetvigator.com
馬新發行所／城邦（馬新）出版集團【Cite(M) Sdn. Bhd. (458372U)】
41, Jalan Radin Anum, Bandar Baru Sri Petaling, 57000 Kuala Lumpur, Malaysia.
電話：(603)9057-8822　傳真：(603)9057-6622
電郵：cite@cite.com.my

封面設計／廖勁智
印　　刷／前進彩藝有限公司

■2018年8月　三版一刷
■2023年9月　三版三刷

Printed in Taiwan.

定價：320元

ISBN 978-986-344-579-1